家庭财富管理与传承

JIATING CAIFU GUANLI YU CHUANCHENG

王继军　侯弼元　王远锦◎著

中国纺织出版社有限公司
国家一级出版社
全国百佳图书出版单位

内 容 提 要

随着中国财富阶层的扩大，财富管理的概念正在不断丰富和延伸。如今的中国家庭在追求财富自由的同时，也要考虑家庭财富如何传承的问题。本书针对中产阶级以上家庭在财富管理与传承中遇到的问题，从家庭现金管理、家庭债务管理、家庭财富风险管理、家庭财富投资管理、退休养老管理以及家庭财富分配与传承管理六个方面分别提供了切实、可操作的财富管理与传承方案。

图书在版编目（CIP）数据

家庭财富管理与传承 / 王继军，侯弼元，王远锦著 . -- 北京：中国纺织出版社有限公司，2019.7（2024.7重印）

ISBN 978-7-5180-6332-1

Ⅰ. ①家… Ⅱ. ①王… ②侯… ③王… Ⅲ. ①家庭财产—家庭管理—研究—中国 Ⅳ. ① TS976.15

中国版本图书馆 CIP 数据核字（2019）第 126643 号

策划编辑：陈　芳　　责任校对：寇晨晨　　责任印制：储志伟

中国纺织出版社有限公司出版发行

地址：北京市朝阳区百子湾东里A407号楼　邮政编码：100124

销售电话：010—67004422　传真：010—87155801

http：//www.c-textilep.com

E-mail：faxing@c-textilep.com

中国纺织出版社天猫旗舰店

官方微博http://weibo.com/2119887771

永清县晔盛亚胶印有限公司印刷　各地新华书店经销

2019年7月第1版　2024年7月第3次印刷

开本：710×1000　1/16　印张：12.5

字数：158千字　定价：68.00元

前言

随着人们家庭财富的不断累积，一部分家庭已经晋升为中产阶级。一般来说，中产阶级家庭成员由于拥有较为稳定的工作和较高的收入，所以在一定程度上实现了财务自由，中产阶级家庭已经成为社会阶层的中坚力量。

随着整个国家经济的快速发展，中产阶级家庭在获得一定财富的同时，对于家庭财产的管理产生了迫切需求，他们希望创造出的家庭财富能够以一种更安全、更有经济效益的方式得以保全和传承。

但中产阶级家庭在对家庭财产进行管理与传承时，思想上存在很多误区，缺乏一定的管理技巧和经验。

首先，对家庭财产管理的看法片面。一些中产阶级家庭错把家庭财产的管理与传承简单地等同于投资理财，还有一部分家庭认为财产管理就是“存钱”。这些家庭对财产管理的片面看法，反映了我国家庭尚未形成正确的家庭财产管理理念，甚至缺乏财产管理意识。

其次，缺乏家庭财产管理才能。一些家庭在管理家庭财产时，有心而无力。由于没有管理财产的经验和能力，导致家庭面临纷繁复杂的理财市场无从下手，出现各种“跟风”现象，让家庭财产面临很大的风险。

最后，还有的家庭目光短浅，只顾眼前利益，并没有为退休后的养老生活做好规划，更没有为家庭财产的传承找到一个更有效的方式。

这些弊端导致中产阶级家庭在进行家庭财产管理与传承时，不能对家庭财产做好系统性的规划，让家庭财产要么在闲置中浪费了资源，要么在风险中受到了损失。

本书通过严谨、细致的分析，为读者提供了一些管理家庭财产与财富传承的建议和技巧，列举了很多家庭财产管理和传承的实践案例。在语言表述上主要围绕财产管理展开，因为只有从技术层面保证财产积累到一定程度，才能有财富的保值、增值。在家庭财产管理和传承的规划与执行过程中，我们需要重点关注以下三点：

第一，清楚了解家庭收入、支出与财产情况，合理安排好家庭的吃穿用度。家庭在不同的生命周期，会产生不同的理财需求。如买房购车、孩子的教育费用、养老规划等，家庭也要相应地根据家庭生命周期，调整本周期的理财方向和计划，并根据家庭财务现状来设定财产管理目标、实行财产配置；这时，家庭可以借助计划表，做好计划安排，如家庭现金流量表、家庭收支预算表、家庭资产负债表等。

第二，中产阶级家庭在对家庭财产进行投资理财活动，以实现财产的保值、增值时，需要了解股票、基金、债券、期货、房地产、艺术品等理财产品的特点和风险，掌握各种理财产品的投资技巧。另外，本书从经营风险、投资风险、债务风险、婚姻风险等角度，阐述了各种风险的防范与应对方式。

第三，在家庭财产的分配与传承方面，可以选择遗嘱、赠与、保险、慈善基金、家族信托五种方式。

希望本书能够帮助读者全面了解如何进行家庭财产管理与传承，实现财富的保值与升值，找到合乎家庭财务状况的投资方式，将钱用在刀刃上，实现财产管理的目标，拥有快乐和无忧的生活。

作者

2018.12

目录

第一章　财产与财产管理

第二章　家庭生命周期与财产管理目标

第三章　家庭现金管理

第四章　家庭债务管理

第五章　家庭财产风险管理

第一章
财产与财产管理

什么是家庭财产管理？为什么要进行家庭财产管理？家庭财产管理与个人理财、投资之间有哪些区别与联系？从“有钱”到“富贵”的八大步骤是什么？财富管理的八大原则是什么？本章针对以上问题为你提供答案，让你对家庭财产管理方面有更清晰的认知。

什么是财产

“财产”一词在日常生活里，大家都会接触到。例如，我们时常能在法律层面上听到“夫妻共同财产”，或者“财产继承”等概念。然而，绝大多数人对于财产的本质和财产的真正含义却不甚了解。

《辞海》中对“财产”的定义是：金钱、财物及民事权利义务的总和。按所有权分为国家财产、集体财产、个人财产；按是否具有实物形式分为有形财产（如金钱、财物）和无形财产（如著作权、发明权）；按民事权利义务分为积极财产（如金钱、财物及各种权益）和消极财产（如债务）。

《MBA 智库百科》中对“财产”的解释是：指拥有的金钱、物资、房屋、土地等物质财富：国家财产、私人财产，具有金钱价值并受到法律保护的权利的总称。大体上，财产有三种，即动产、不动产和知识财产（即知识产权）。

根据以上两种对“财产”的解释，我们可以从以下几个方面对财产进行深入解读：

1. 财产的内容：动产、不动产、知识财产

（1）动产

动产，一般是指所有可以移动的、有形的或无形的东西。最常见的动产包括各种农产品、待采摘的蔬菜水果、待挖掘的煤炭等。

（2）不动产

不动产是“动产”的对称，最常见的不动产包括土地、房屋等。

（3）知识财产

又被称为知识产权，是指凭借人的智慧所创造的价值的具体形态。最常见的知识产权包括各种发明创造，商业名称、商标、创意设计等。

2. 财产的分类

财产可以分为两大类：一类是有形财产和无形财产；另一类是积极财产和消极财产。

（1）有形财产和无形财产

有形财产是指金钱、物资，而无形财产是指债权、知识产权、继承权等。

（2）积极财产和消极财产

积极财产又称为财产权利，如对金钱、房屋等财产的使用权利，它强调的是一种权利的赋予。或者是指人与经济利益产生关联的民事权利，如专利权、继承权等。对家庭来说，积极财产是指车子、房子等。

消极财产也称为财产义务。最常见的消极财产有两种：一种是家庭偿还所欠债务的义务；另一种是继承人需要承担因继承而发生的被继承人生前债务的义务。

3. 财产的双重内涵

财产兼具经济学和法律内涵。财产的双重内涵决定了在法治社会下，财产的成立必须得到法律的认可。尤其在现代法治社会，财产的价值主要在法律的范围内发挥作用，纯客体存在的“财产”一旦与人产生关联，就会衍生出许多新的价值和内涵。这些特征成为财产关系得以被法律保护的前提，作为客体的财产获得了法律的认可。这时才能在法律规定的范围内，实行对财产的分配、控制、应用等权利。

4. 财产、资产和财富

（1）财产和资产

一般情况下，大家对“财产”和“资产”的概念区分得不是很清楚。这两者其实有很大的差别：

财产在被使用的过程中价值会不断降低，价格也随之下降。例如，你购买了一辆车子，那么这辆车子因此成为你财产的一部分，但在你使用车子的过程中，车子会发生损耗，价值和价格都在降低。

资产是能够给家庭带来现金流入的财富。通过某种合理合法的方式，财产能够变为资产。例如，你把金钱存入银行，获得了利息，那么此时的“金钱”因为利息带来额外收入，就演变为“资产”；又如，你购买了一套房子，此时房子是你的“财产”。如果你将房子用于出租，收取房租，此时的房子就变为“资产”。

（2）财产和财富

财富包括自然财富、物质财富、精神财富。财富可以为社会共有，但财产基本为个人私有。财富不一定有交换价值，财产却有一定的交换价值，如银行存款等。

在日常生活中，人们往往将财产和财富等同起来。其实财产只是财富的一部分，只有当财产累积到一定程度，才能被称为“财富”。例如，比尔·盖茨的财产可以称为财富，而普通百姓的资金，更倾向于称为“财产”。

为什么要进行财产管理

根据《2017年中产人群生活态度及网络理财行为研究报告》显示，中国中产阶级的收入已经实现了大幅增长，几乎每个中产家庭都拥有一定的资产。

随着社会的发展，各种经济危机层出不穷，这些驱动着中产家庭开始思考如何对财产进行管理。一方面，他们希望能让财产“滚动”起来，以此带动资金增长；另一方面，他们为财产做了长远打算，希望财产以保值并增值的方式传给后代。

但现实情况是：很多家庭对财产管理缺乏专业知识和技能，导致家庭财产被闲置，而没有发挥出应有的价值，甚至有可能因为不当的财产管理，让家庭财产无形中蒙受巨大损失。

王先生和妻子在结婚之初，就达成了一项约定：

每月王先生都要从6000元工资中抽取5000元交给妻子，由妻子定期存入银行，只留下1000元作为自己的生活费。妻子月薪3000元，作为家庭日常开销。一年后王先生发现，家庭在银行的存款仅仅有几千元，如果按照每月存入5000元来算，在银行至少会有6万元的存款。王先生因此和妻子大吵一架，妻子表示孩子的学费、培训费等都很贵，家里开支较大，自己的工资远远不够。王先生上交的5000元，有一部分要用来做家庭开支，所以每个月根本存不到5000元。后来王先生去银行调取流水，发现妻子花费了几万元为家庭添置了很多电器和家具，这些电器和家具有一部分是不必要的，并且已经被闲置在家。

在这个案例中，王先生和妻子两人都缺乏家庭财产管理的意识和能力，使得家庭财产造成了不必要的损失和浪费。所以，财产管理对任何家庭都有重要的作用和意义。由此可见，并不只有富豪才需要进行财产管理，任何一个家庭都应该做好财产管理。

1. 家庭财产管理的重要性

（1）GDP增速减缓，宏观经济的不确定性

中国经济发展迅速且平稳，但总体来说，GDP增速减缓。这一现象从社会大环境的角度来说，表明中国经济正趋向成熟。

但对于个人来说并非好事，第一，资产回报率降低，意味着投资机会变得稀缺；第二，工资收入增速放缓，家庭收入来源受到影响；另外，宏观经济的不确定性给家庭财产带来很大的风险，如通货膨胀。所以，每个家庭都要未雨绸缪，做好家庭财产管理。

（2）家庭结构开始变型，养老负担不断加重

近10年来，我国家庭结构迅速朝着规模微型化、结构扁平化、类型特殊化方向发展，家庭规模和代际系数不断下降。

独生子女政策带来的“421家庭结构”将会造成一对夫妻要承担4位父母的养老责任和养育孩子的重任，使得家庭经济负担加重，传统的家庭养老越来越难以实现。提前做好财产管理，能够保持财产持续增加，为家庭养老提供资金储备。

2. 家庭财产管理的现状

（1）个人收入快速增长，在财产管理方面存在巨大需求

中国经济飞速发展，个人收入得到快速增长，中产阶级也迅速发展起来。中产阶级大多受过良好的教育，有较好的经济收入和一定程度的财产积累。其中一部分中产阶级通过自主创业，进一步积累了财产。他们也迫切希望能够找到合适的渠道对财产进行管理。因此，中产阶级家庭在财产管理方面存在着巨大的需求。

（2）金融分业监管，有钱群体得不到专业的财产管理服务

随着家庭资产的不断累积，有钱群体越来越多。但因受到金融分业监管，有钱群体得不到专业的财产管理服务。同时当前的金融监管体制存在一些弊端：一方面，监管体制分工明确、配合协调；另一方面，这种监管模式导致监管力度分散、各职能的实施容易陷入“形式主义”，风险防范工作不能有效地化解金融风险。

当前的金融监管体系并不能有效地满足中产阶级家庭的财产管理需求，因此，专业的家庭财产管理服务是中产阶级目前迫切需求的。

（3）资产证券化限制，固定收益类理财产品匮乏

资产证券化，是指以基础资产未来所产生的现金流为偿付支持，通过结构化设计进行信用增级，在此基础上发行资产支持证券的过程。

从当前的市场来看，资产证券化虽然得到了一定的发展，但还是有一定的限制。造成的结果是：如国债、企业债、可转换债券等固定收益类理财产品相对匮乏，家庭在财产管理上缺乏一定的管理渠道。

（4）对风险和收益的认识还不成熟

虽然人们对财产管理有了意识和需求，但绝大多数人对财产管理的认

识还存在局限，认为财产管理就是购买理财产品、进行投资，并不能全面把握好家庭财产管理的类别和规划，更不能很好地厘清风险和收益之间的关系。

什么是家庭财产管理

随着收入的不断提高，家庭财产不断累积，如何让这些财产得到有效利用，并为家庭带来更大的收益呢？不少家庭把目光放在了财产管理上，希望通过家庭财产管理，实现财产的保值和增值。

什么是家庭财产管理呢？家庭财产管理是指以家庭为中心，根据家庭的财务状况，设计出系统的财务规划，将家庭财产中的现金、资产、负债、财产风险、财产继承等经济内容和经济利益关系进行管理，以满足家庭在不同阶段的财务需求，帮助家庭达到降低风险、实现财产保值、增值和传承的目的。

王先生，现年35岁，是厦门一家IT公司的部门经理，月薪6000元。妻子张女士，30岁，是一名中学教师，月薪4000元，两人有一个两岁的儿子。

王先生和张女士目前的家庭情况是这样的：王先生贷款买了一套总价为60万元的房子，首付35万元，在银行贷款25万元，还款年限是15年，本息一共要还36万元左右。王先生和张女士两人的公积金足够还这笔贷款。但家庭开销比较大，每个月最多只能存下4000元。王先生希望15年后能还清贷款，并存够100万元送孩子到国外读大学。但按照目前王先生和张女士的收入来看，想要实现这个目标有点难度。

在这个案例中，王先生和张女士要想实现15年后为孩子存够100万元的出国费用，只靠工资收入有点难度。所以，对于王先生的家庭来说，做好家庭财产管理有利于实现家庭目标。

首先，从王先生当前的生活状况来看，家庭收入来源比较稳定，每月开销较大。王先生没有进行任何投资活动，家中有资金处于闲置状态。另外，王先生将家中余钱都存在了银行，但银行利息较低，不利于资金增长。所以，他可以将这部分资金用于投资，如购买股票型基金、债券等投资理财产品。

其次，考虑到王先生要为孩子存够100万元出国资金，因此，王先生需要衡量一定的投资风险，既能保证收益，又要相应地降低资金风险。所以基金定投和年金保险两种理财产品比较适合王先生家的情况。

实施家庭财产管理能够使家庭财产得以保值和增值，满足家庭对更高品质的生活需求。

因此，在进行家庭财产管理之前，要做好以下准备工作：

1. 厘清家庭财产和负债

家庭财产管理的第一步就是摸清家底，即厘清资产和负债。中产阶级经过资金的累积和资产的置办之后，需要厘清家庭有哪些可以自由活动的资金和闲置财产。在明确资金和财产的使用情况之后，还要了解家庭的负债情况，包括银行贷款、车贷、房贷等。

对家庭当前的资产、负债、净资产的状况进行分析，有助于掌握家庭的财务状况。只有对家庭的财务状况有了全面的了解，才能在对家庭财产做管理的时候进行综合考虑。

王先生和妻子经过十几年的打拼，已经积累了一定的资产。在市里全额购买两套住房，一套自住，一套出租，每年租金在3万元左右。

去年王先生又和朋友合伙创办了一家公司，经过一年的有效管理，公司已经初见效益，给王先生的家庭带来了十几万的分红。王先生和妻子手中积累了一定的闲置资金，夫妻二人正在为如何管理这笔资金大伤脑筋。

王先生夫妻二人想要对这笔家庭资金进行管理，首先就要厘清家庭财产和负债情况，在家庭无负债的情况下，有效利用家庭财产进行合理投资，实现家庭财产价值最大化。

一方面，考虑到整个家庭既无负债，又有良好收入的资金状况，王先生可以采取良性负债，“借鸡生蛋”，即通过房产抵押向银行借贷，获取更多资金进行投资。例如，将资金投入自己公司，扩大公司规模，拓展公司业务。

另一方面，王先生可以将现有财产进行多元化投资。例如，王先生可用资金购买多套房产。房产或租或售，都能带来不错的收益。同时王先生需要进行多元化投资，分散投资风险，提升收益。例如，购买国债、基金等理财产品，实现家庭财产的优化升级。

2. 合理配置家庭财产

家庭在管理财产时，很重要的一步就是合理地配置家庭财产。在不影响生活条件的前提下，将财产的价值发挥到最大。这就要求在对家庭财产进行合理配置的时候，需要考虑到以下几点：

第一，根据以往每月家庭开销和每月家庭的总收入情况进行分析，从自由资金中拿出一部分，比如拿出总自由资金的 10% 作为每个月的家庭开销的备用资金；

第二，拿出一部分自由资金，比如拿出自由资金的 30% 进行理财投资，包括购买债券、股票、银行理财等；

第三，拿出自由资金的 40% 作为保本升值的钱，比如购买教育基金、投资艺术品等；

第四，留出自由资金的 20% 作为家庭出现重大变故或疾病时的紧急资金。

家庭在做财产管理的时候，最重要的就是将家庭财产合理充分地利用起来，在保障家庭基本生活开销的基础上，既要根据家庭实际情况，将闲置资金做好一定的投资理财工作，又要根据家庭未来的生活需求做好家庭计划，提前对所需资金做预留、储备管理。

3. 重视并管理好财产风险

重视并管理好家庭财产风险，也是家庭财产管理的重要内容。一般来说，家庭会面临以下几种财产风险：

第一，财产风险。是指家具、电器、房屋等受到自然灾害（如地震）和非自然灾害（如盗窃），使得家庭财产遭受破坏。

第二，由于各种危机使得家庭财产面临风险。例如，夫妻婚变造成的财产分割风险，借债导致的债务风险，不当投资带来的投资风险等。

这些都是家庭财产管理的范畴，需要提前做好风险预估、评判和准备。这样在风险来临之际才能采取有效措施，将风险控制在可接受范围内。

个人财产管理VS家庭财产管理

个人财产管理和家庭财产管理有相同的目的：实现财产的保值和增值。但两者之间有诸多差别，对此可以从以下几个方面深入分析：

1. 定义

（1）个人财产管理

个人财产管理是指在对个人收入、财产、负债等情况进行分析和整理的基础上，根据个人的需求和个人对风险的承受能力的综合考虑，选择符合自身实际情况的投资理财工具，如股票、债券、基金等，合理安排资金，从而实现个人财产的保值和升值。

（2）家庭财产管理

家庭财产是指在家庭中全部或部分家庭成员共同所有的财产。换言之，是指家庭成员在家庭共同生活关系存续期间共同创造、共同所得的财产。家庭财产管理是指以家庭为中心，设计出系统的财务规划，对家庭的财产、负债、流动性进行管理，以满足家庭在不同生命周期的财务需求，帮助家庭降低风险，实现财产保值、增值和传承的目的。

2. 原因

个人对财产进行管理有以下几种原因：

第一，跟风。很多人出于跟风的心理，也想尝试对个人财产进行财产管理。例如，看到身边有朋友对个人财产进行合理投资，获得了较好的收益，按捺不住，也想尝试理财活动；

第二，源于不安全感。一部分人担心货币会不断贬值，导致个人财产价值降低、流失，所以想通过投资理财实现财产的保值、增值。还有一部分人出于“赚钱没有花钱快”的恐惧心理，决定通过财产管理获得额外的收入；

第三，基于需求。想要满足更高需求，仅凭个人日常收入无法达到，希望通过理财带来较大的收益，满足需求。例如，个人打算在两年内购买一辆价值 20 万元左右的汽车，或者打算在十年内买房，这些需求靠个人的薪资收入无法实现，所以寄希望于财产管理；

第四，便捷支付的影响。移动互联网技术和移动支付的发展，让人们仅需一部手机就可以完成大部分的消费支付行为。冲动消费、无感知消费让人们的荷包在不知不觉中越来越瘪。个人财产的消失，让人们感受到了便捷支付带来的危机，这让人们不得不为自己的个人财产做好便捷、严格的管理。总体来说，个人理财的主要原因是实现财务自由。

小王大学毕业走上工作岗位已经有两年时间了。他每个月固定收入 4000 元，但每年有额外的绩效工资和年底奖金。

小王日常开销比较大，喜欢经常更换手机，经常和朋友、同事聚会，还喜欢在假期出外旅游。一年下来，小王发现自己账户基本无结余，但他自己也不知道钱花哪里去了。于是小王痛定思痛，决定开始理财。

首先，他控制自己的花钱欲望，尽量避免一些不必要的消费，比如频繁更换手机；其次，每个月固定抽取2000元，一部份用于银行存款，采取零存整取的方式获得利益；另一部分用于购买P2P网上理财产品，获得收益。

此案例中，小王一开始并没有管理财产的意识，产生了很多不必要的消费，造成了个人财产的损失与浪费，但他已经开始意识这种现状需要改变，并做出了管理财产的具体计划。从他理财的方式来看，小王是保守型的理财者。他每个月强制自己存下2000元，然后将存下的钱分别用来定存和买理财产品。这样既能获得一定的收益，又能降低风险。

家庭财产管理的主要原因在于实现家庭财产的保值、增值和传承。具体来说，一方面，随着家庭成员多年的努力和奋斗，家庭财产有了一定的累积，希望通过家庭财产管理，使得家庭财产能在各种风险（如通货膨胀）中得以保值，并以持续保值的方式将家庭财产传给后代；另一方面，购买投资理财产品（如股票、基金、债务），让家庭财产得到有效规划和利用，实现家庭财产增值，为家庭成员的额外需求（如孩子出国留学、家庭养老）做好资金准备。

3. 管理方式

（1）个人理财的一般步骤

第一，分析自己的财产状况。

在制订好理财目标之前，要对自己的财产有清楚的了解。一方面，总结自己的负债情况，以及制订债务的还款计划；另一方面，计算自己可自由支配的财产，预估未来收入情况。综合分析自己的财产状况，并以此为个人理财方式的依据。

第二，制订理财目标。

个人在理财的时候，需要制订短期财务目标（如 1 个月）和长期财务目标（如 3 年），即目标要量化，例如，通过 3 年的资金储备和投资收益，实现买房的目标。

第三，减少理财风险。

个人在理财的时候，有的人爱冒险，大风险通常带来的是大收益；有的人不求收益大，只求收益稳定，不会造成财产损失。通常可以从以下三个角度减少理财风险：

①考虑理财资金在全部收入中所占的比重，避免理财资金所占比重过大，对日常生活造成较大影响；

②综合分析自己的理财能力，尽量以自己擅长的理财方式作为主要理财方式，避免投资失败；

③依据自己的性格特征和承担风险的能力，选择适合自己的理财的方式。

第四，合理管理财产。

个人在管理财产时，在综合考量当前已有的财产状况和收入状况，对未来的收入状况进行预估，同时将未来可能发生的变故和风险一并纳入考量范围，在此基础上对财产进行合理管理。进行财产管理时，需要谨慎、理智，不可盲目跟风投资，也不可草率投资。

（2）家庭财产管理的步骤

第一，统计家庭财产。

家庭财产除金钱、物资、房子、车子、土地等财产外，还包括各种流动资产、固定资产、有形资产、无形资产、不动产等。

家庭进行财产管理的第一步，就是要对家庭财产进行统计。只有对家庭财产有了全面而清晰的掌握，才能有针对性地进行家庭财产管理。

第二，记录收入和支出。

家庭进行财产管理时，要及时记录家庭的收支情况，也就是说，对家庭资金的流动性做好记录，而家庭中最常见的方法就是做好家庭财务报表。家庭日常支出的合理金额一般占家庭收入的 30%。对家庭收入和支出情况做好记录可以有效避免不必要的消费。

第三，重视财产安全，减少不必要的损失。

从当前情况来看，中国家庭普遍不太注重对家庭财产进行保护。其实，家庭财产保险是家庭财产管理很重要的一部分。家庭财产保险是个人和家庭投保的最主要险种。

家庭财产保险一般包括房屋、房屋装修、衣服、家具、厨具、电器、燃气用具等；附加险包括盗窃、抢劫、金银首饰以及第三者责任保险等。家庭要重视财产安全，适当购买财产保险，当家庭财产遭受损失时，可以从保险公司得到相应的补偿。

第四，充分利用，增加收入。

家庭财产管理除了进行财产保护之外，还要进行充分利用，以增加收入。较为稳妥的方式是：将家庭收入的 30% 作为投资资金，如购买股票、债券、基金、艺术品等。但在具体投资项目的选择上要慎重、理智。不要将钱“砸”在自己不懂的项目上，或者盲目跟随投资热点，如看见股票涨了就投资股票、黄金涨了就投资黄金。投资有风险，理财需谨慎。

投资VS家庭财产管理

投资和家庭财产管理都涉及与“钱”打交道，两者既有关联，又有区别。家庭财产管理包括现金管理、债务管理、风险管理、投资管理、养老管理、遗产分配与传承等内容。也就是说，投资是家庭财产管理的重要组成部分，但家庭财产管理不限于投资。

投资指的是特定经济主体为了在未来可预见的时期内获得收益或是资

金增值，在一定时期内向一定领域投放足够数额的资金或实物的货币等价物的经济行为。它可以分为实业投资、资本投资和证券投资。

1. 实业投资

是指以现金、实物、无形资产等投入经济活动的投资。它具有回收期较长、流动性较差、投资变现速度较慢等特点。

很多人一提到实业投资，就默认为是投资大工厂、大企业，其实只要投资于生产、流通领域，不管生意大小，必然有实体，都算实业投资。比如，个人店铺、小型企业、股份制公司等。

家庭在选择实业投资时，有一些要注意的因素：比如，不能将所有资金孤注一掷，要警惕投资风险；不在自己不懂的领域投资；不跟不熟悉的人合伙投资；等等。

2. 证券投资

是指投资者买卖股票、债券、基金等有价证券以及这些有价证券的衍生品，以获取差价、利息及资本利得的投资行为和投资过程，是间接投资的重要形式。

对于中国家庭而言，只有在长期稳定的温饱基础上才会考虑证券投资。而且绝大多数的家庭普遍认为把钱存入银行是风险最小的投资方式。但随着经济的发展和人们文化水平的提高，越来越多的家庭意识到钱的价值不是一成不变的，而是会发生贬值或升值的。

近年来，大多数居民开始改变把钱存入银行这种储蓄习惯，而是把钱投入股市，购买股票，以及债券、基金、期货、保险、黄金白银等。

但证券投资风险较高，要求投资者能够保持比较乐观的投资心态，否则证券投资的获利亏损的大幅起落，容易对投资者的心理造成较大的冲击。因此，在选择证券投资时，可选择投入门槛较低、投资风险相对较小、获益稳定、变现能力强的金融投资产品，如基金、保险等。

林先生38岁，从英国留学回来后，被某企业驻中国办事机构聘为企业高管，妻子林太太33岁，在一家公司担任财务主管。两人育有一子，8岁，上小学一年级。

林先生夫妻两人收入较为丰厚，林先生年入百万，林太太年入40万。目前，两人无负债、贷款，有活期存款28万元、定期存款100万元、市值50万元的国债和20万元的股票、债券基金10万元，一套价值80万元的住房，林先生的代步汽车为单位所提供。

林先生在投资方面有一定的研究，曾经取得了不错的收益。但现在林先生打算做好长期理财规划。一方面，林先生考虑到孩子慢慢长大，为了能给孩子更好的生活和教育，林先生打算儿子高中毕业后就送他出国留学，直至读完硕士；另一方面，林先生也考虑到要为退休后的高品质生活提前做打算。同时，繁重的工作使林先生感到身体健康受到了严重的影响，林先生夫妇感受到了健康和保险的重要性，除了单位提供的社会保险之外，林先生夫妇还打算购买商业保险，保障家庭安全。

从林先生家的投资情况来看，主要有国债投资、股票投资、债券和基金投资。但林先生在管理家庭财产时，还综合考虑家庭成员的需求，针对家庭成员的需求进行投资。比如，林先生为孩子出国留学做的教育投资，为夫妻身体健康做的商业保险投资等。

3. 艺术品投资

艺术品投资是公认的效益最好的投资项目之一，艺术品投资是指购买字画、邮品、珠宝、古董之类艺术品，再以常规流转的方式（比如，拍卖、在线交易、赠与等方式）实现财产的保值、继承。由于艺术品具有稀缺性和不可再生性，因而具有极强的保值、传承功能，属于安全性投资。

同时艺术品投资不仅能够带来可观的经济效益，还具有高雅的情调，这使得艺术品投资具有其他投资工具难以比拟的优势。随着艺术品投资市场的繁荣，随之而来的是假货、仿品的盛行。因此，在选择艺术品投资时必须提高对艺术品的基本鉴赏与识别的能力。

4. 房地产投资

近些年随着房地产的火热，导致很多家庭把资金投入房地产。房地产投资具有回收期长、风险性高、变现性差的特点。因此，为了满足刚需而购房是可以理解的，但不能超过家庭的经济能力冒险投资房产，一旦投资失误，无法通过租售回笼资金，家庭会面临财产损失。

同时，如果为了投资房产而背负了超过家庭偿还能力之外的债务，家庭生活会因此受到极大的影响，一旦不能按时偿还债务，房产随时都会被银行收回，得不偿失。因此，投资房产也需要三思而后行。

不同的家庭会选择不同的投资方式，受不同心理支配，并根据家庭实际的经济情况和家庭结构，产生了三大投资方式：安全保守型、稳中求进型、冒险激进型。

（1）安全保守型投资组合模式

这种投资方式适合刚刚进入投资市场的家庭，安全性较高，满足“求稳”心理，但收益较低。这种投资方式具体的操作是：储蓄、保险投资约为 70%，债券投资约为 20%，其他投资约为 10%。例如，一个家庭拥有 10 万元积蓄，拿出其中 7 万元放在银行。以储蓄利益总体来说，这种投资方式无较大的风险，也不用承担投资压力，但过于保守，并没有充分发挥出投资的真正价值。

（2）稳中求进型投资组合模式

这种投资模式适合中产阶级家庭。因为中产阶级家庭既能承受一定的风险，又希望通过投资获取较高的收益。这种投资方式具体的操作是：储蓄、保险投资约为 40%，债券投资约为 20%，基金、股票约占 20%，其他投资约占 20%。这种投资方式较为稳健，又不保守，能够帮助家庭合理规划好财富。

（3）冒险激进型投资组合模式

这种组合方式最大的特点是，风险和收益指数都比较高。投资人以高风险来获取高收益，投机成分比较重，适合资金实力雄厚的家庭。这种投资方式具体的操作是：储蓄、保险投资约占20%，债券、股票等投资约占30%，期货、外汇、房地产等投资约占50%。

从“有钱”到“富贵”的八大步骤

随着经济的发展、财富的累积，中产阶级家庭成为“有钱”群体，手里有一定闲置财产，但离“富贵”有一定的距离。中产阶级家庭也希望通过财产管理变得“富贵”。

张先生经营了一家家电商铺，经过多年的运营，家电商铺获得了一定的收益，张先生将这些收益购买了两套房产。随着网络销售的兴起，对张先生的实体店有了比较大的冲击，再加上门店房租越来越高，所以张先生门店的效益越来越差。

为了摆脱这种困境，张先生决定自己购买一套门店，减少成本。但现有资金不足以支持购买门店。所以张先生把闲置的一套房产卖掉，换取现金投入股市。张先生凭借自己的胆大心细、慧眼如炬，通过合理运作，在股市赚了一笔不菲的收益。他将这笔收益拿来购买门店，开网店，以线上、线下相结合的方式进行电器销售。2年后，张先生的收入有了很大的提高。

案例中的张先生从“有钱”到“富贵”的转变，究其原因，就是因为进行了资本运作，善于投资，使得资产迅速膨胀。中产阶级家庭可以采用以下操作，实现财富的大幅提升，晋升为“富贵”阶层。

1. 现在就开始投资

很多家庭一方面希望投资带来收益，另一方面又担心投资风险。最后的结果就是踟蹰不前，投资停留在计划里。你不理“财”，“财”不理你。与其想象成功投资后获得收益的情境，还不如立下投资决心，做出投资行为。

2. 制订目标

家庭在投资的时候，需要根据家庭的发展或家庭成员的需求制订目标。例如，希望通过投资获取一笔不菲的收益，并用于购置房产、汽车、送孩子出国留学等。

3. 合理投资

（1）保持投资稳定收益项目的习惯

持续投资风险小、能带来稳定收益的项目可以保障资金的安全，为家庭带来一些收益。比如，花钱购买国债和基金。

（2）适当投资高风险项目

高风险投资项目具有高风险、高收益的特点。如果想获得较大的收益，在经济条件允许的情况下，可将一部分资金投入高风险项目，比如股票。

从各类投资项目来看，股票具有投资收益高、流动性强、一定程度上能降低购买力的损失等优点。在初入股票市场，家庭要慎重选择，降低投资的风险，做好合理规划，并提高自己的投资能力。

4. 每月固定投资，让投资成为习惯

让投资成为一种习惯，成为每个月必修的功课。首先，要树立投资意识，把自己看作“金牌投资人”；其次，将钱“流动”起来，每月的固定投资不是指将钱放到银行储蓄起来，而是通过合理合法的商业运作，让钱“生”钱；再次，积极了解投资的知识、技能、方法、政策等，必要的时候，适当地调整自己的投资方向；最后，多和投资人接触，能在第一时间

了解最新的讯息，培养自己良好的投资习惯。

5. 买了股票要保持长期持有

“交易越多越不会使你致富，只会使交易商致富。”家庭在购买股票之后，不宜频繁地买进卖出，这样不仅会使收益受损，还要支付一定的交易税、佣金等。频繁交易会吞食你的利润。

例如，如果一个人一天交易一次，而10000元就会产生13元左右的成本，那么一年（算交易日240天）的交易成本为3120元。另外，长期持有股票能够获得分红，分红可以继续进行投资，再投资会产生新的分红。从长期来看，分红是从股票上获取收益的主要途径；而且长期持有股票能享有所持股公司内在价值的提升、节省你的时间，不用每天“看盘”。

6. 让税务局成为你的投资伙伴

聪明的投资人具有创造性思维，表现在他善于把税务局“当成”自己的投资伙伴。从他们那里及时了解一些新的税务信息，并善于利用一些免税的投资理财产品，如银行存款利息、国债、特种金融债券、教育储蓄以及保险分红享有免税福利。

7. 减少不必要的消费

富豪大多都有这样的特质：深居简出。他们在采购时大多量入而出，不会拥有太多的额外花销，稳定性成了富豪们共同的特色。

例如，为人称道的“世界富豪”扎克伯格的生活方式就是以“简”为主。无论是私下还是在公众场合，时常看见这个大富豪穿着简单的T恤、牛仔裤，日常出行则是开一辆价值1.6万美元的本田飞度。他曾公开表示“自己不会花太多时间在衣服的搭配上，当我做出这样行为的时候，我就不是在做自己的工作”。

财产管理的八大原理

每个领域都有其特点和规律，财产管理也不例外。家庭在进行财产管理的时候，需要遵循一定的原理，在一定程度上规避风险，并获得良好的收益。

1. 墨菲定律

“墨菲定律”是由美国爱德华兹空军基地的上尉工程师爱德华·墨菲提出的，是说所有的事情没有表面上看的那么简单，并比你预计的时间要长；凡是有很大出错概率的事情，那么在绝大程度上都会出错；如果你很担心某件事情发生，那么它极有可能就会发生。

进行家庭财产管理时，也会产生“墨菲定律”效应。也就是投资者要明白，你所进行的财产管理都具有一定程度的风险，财产管理远没有你认为的那么简单、风险也没有你想象中的那么低，并且这种风险是很容易变成现实的。

所以家庭在选择投资理财项目的时候，不要轻信市场当前的情况，你所看到的事情表面，在其背后有一套复杂的体系。如果你不能充分地参透背后的规律就盲目选择的话，那么你就会承受较大的风险。

2. 不要把所有鸡蛋放在同一个篮子里

家庭在进行财产管理的时候，往往贪图眼前的利益，把所有的财产都压在自己认为最挣钱的理财产品中，却忽视了“收益越高，风险越大”的道理。但对于家庭财产管理来说，投资不是赌博，要想实现财产的保值、升值，分散投资是一种理智的投资方式。

家庭在选择最佳投资组合方式时，最常用的一种投资组合方法是“投资五分法”：将资金五等分，一部分用来存进银行，购买保险；一部分用来购买股票等高风险、高收益理财产品；一部分用来购买艺术品、实物；一部分用于教育投资；一部分是生活的风险投资，用于救急。

3. 80 法则

家庭在不同时期，有着不同的理财需求和计划。“80 法则”是指做投资时，买高风险投资产品的资金比例不能超过 80 减去你的年龄，也就是高风险投资占总资产的比例 =（80− 你的年龄）%，高风险投资金额 = 总资产 ×（80− 你的年龄）%。

80 投资法则强调的是投资者的年龄和投资风险之间的关系。投资者的年龄越大，就要减少高风险项目的投资比例，从对高收益的追求转向对本金的保障。

假如你今年 30 岁，家庭总资产共 30 万元，按照 80 法则，放在高风险投资（如股票）上的资产不可以超过 50%，也就是 15 万元。

假如你现在是 50 岁，家庭总资产达到 100 万元，按照 80 法则，放在高风险投资上的金额只能占 30%，也就是 30 万元。此时投资就要以稳定性的投资项目为主，如银行定期、国债等风险较小的项目。

4. 4321 定律

“4321 定律”是家庭在进行财产管理时，经常借鉴的一个定律。它表明了家庭收入较为理想的分配方式是：40% 用于供房和投资，30% 用于家庭的生活开支，20% 用于银行存款，10% 用于购买保险。这种家庭财产管理方式较为保守，稳定性也较强。

5. 双十定律

双十定律是指，保险额度为家庭年收入 10 倍，总保费支出为家庭年收入的 10%。如果家庭的保险费用超过年收入的 10% 的话，那么在一定程度上会影响生活质量。如果家庭保险额度低于 10%，那么当风险发生时，很容易加重经济负担，陷入困境。

6. 72 定律

72 定律也称为“复利”，是指不拿回利息，而是利滚利存款，以 1% 的复利计息，72 年后，本金翻倍。本金增值一倍的时间等于 72 除以年收益率。

复利模式显示了一项投资项目坚持的时间越长，回报越高。72 定律不仅让复利的钱“钱生钱”，同时也能帮助家庭做好规划。

例如，王先生积累了 30 万元，他打算用于投资，好为刚出生的儿子将来留学准备资金。如果王先生的儿子在 18 岁出国，在国外学习四年大概需要 70 万元。如果王先生选择较为稳定的国债理财产品，年收益利率只有 3.6%，那么按照 72 定律来计算的话，30 万元的本金翻倍大概需要 20 年的时间，这样王先生孩子的出国计划就可能无法按期实现。

7. 别让通货膨胀吃了你的财富

在通货膨胀的影响下，即便工资涨了 3 倍，可生活水平却不能提高到 3 倍。对比一下 10 年前的物价，就会知道通货膨胀无形间“吃掉”了你多少财富。因此，在通货膨胀的今天，“守财奴”已经过时了。家庭可以选择稳定可靠的国债，也可以选择风险较高但收益也较高的国债、保险等形式，让你的财产“涨”起来。

8. 不追逐热点

家庭在进行投资和理财的时候，要保证家庭生活的稳定。要明确进行财产管理的目的是使财产保值、升值、传承，而不是进行一场“资金冒险”。因此，投资的大方向是求稳，这就要求家庭在投资理财的时候，不要盲目地追求热点，投资不要过于“情绪化”。有两种投机心理极不可取：当市场前景看好时，盲目冲动地把家庭大多数甚至全部财产投入市场；当市场低迷时，害怕亏钱而改变长期投资计划。

第二章

家庭生命周期与财产管理目标

不同的家庭有不同的家庭生命周期，会呈现出不同的经济状况和家庭组织结构，为了更好地进行家庭财产管理，就需要针对家庭在每个时期的特点设定不同的家庭财产管理目标，采用不同的财产管理方法。

家庭生命周期与理财

家庭生命周期是指一个家庭的形成、发展直至消亡的过程。它一般分为：家庭形成期、家庭成长期、家庭成熟期、家庭衰退期。随着家庭生命周期的更替，每个家庭在家庭生命周期的不同阶段都会表现出不同的经济需求，因此对理财也产生了不同的需求。

1. 家庭形成期及其理财

（1）形成期特点

家庭形成期叫作“筑巢期”，这个阶段是指一个人从结婚到子女出生之前，年龄大约为 25 ~ 35 岁。

在“筑巢期”，人们一般正处于事业的发展期和初建家庭的适应期。在这个阶段，人们生活和工作开始稳定，由于结婚、购房、购车、娱乐、旅游等的需求以及日常生活开销所需费用的增多，导致经济压力增大，但这一阶段也是风险承受能力最强的阶段。

（2）理财方向

“筑巢期”的理财特点是：家庭在理财时，既要考虑到家庭的建设，又要考虑到为迎接下一代，女方将会持续一段时间离开职场，家庭收入来源减少，在经济负担加重的同时还要为生育下一代做好生育和教育的经济准备。

这一阶段理财以“稳健”为主，可适当进行高风险投资，以多元化的理财组合在最低风险的基础上实现最大化的利益达成。首先，为了家庭的稳定性和降低意外风险，家庭投资要重保障、轻风险。例如，可以购买一些意外伤害险、大病健康保险等。其次，在经济条件允许的情况下，可以适当追求回报率较高的理财方式，如可以持股或成为创业合伙人等。

针对此时期特点，推荐一种较合理的理财方式：建议将 30% 的资本用于投资房产，以获得长期的、稳定的回报；30% 用于投资基金、股票或者是外汇等；20% 定期存入银行；10% 用于投资债券或是保险；还有 10% 作为活期存储，作为家庭应急备用金。

2. 家庭成长期及其理财

（1）成长期特点

家庭成长期也叫作“满巢期”，是指从孩子出生、完成学业到独立的阶段。夫妻俩从独立个体到为人父母，家庭结构趋于完整，夫妻双方既多了一重身份，也多了压力和责任。

在这个阶段，夫妻双方处于事业的上升期，收入还在保持增长，在一定程度上也能积累一定的财富，因此具备一定程度的抗风险能力。同时此阶段，家庭一般都处于“上有老、下有小”的处境中，家庭的经济压力进一步增大。其中，孩子的成长、教育过程中所需花费不低，而且赡养老人、人情往来、家庭正常开支等都加重了经济负担，因此，做好理财规划对分担家庭经济压力很有帮助。

另外，在孩子前期的教育阶段，教育支出费用还在一个合理的水平。如果家长希望孩子能获得较高的教育水平，如读研、读博、出国留学，那么父母更要尽早做好理财规划。

（2）理财方向

在家庭成长期，选择家庭理财产品时要明确目标，并衡量家庭承担风险的能力。因此，建议家庭选择股票型基金，股票基金具有分散风险、费用较低、流动性强、变现性高的特点，对于家庭来说经营稳定、收益可观，是一个很好的投资方式。

除了股票证券外，这一时期也可以考虑银行理财产品。主要有两大类：一类是固定收益产品；另一类是浮动收益产品。其特点是安全、稳健，流动性较差。因此，如果家庭中存在着较多的闲置资金，又希望能放在一个安全性、稳定性较高的理财平台，那么银行理财就是不二之选。同时，国债、保险、黄金、外汇等也可以纳入考虑范围。

从某种程度上来说，处在成长期家庭的投资理财方向需要按照家庭发展的优先顺序来安排，例如，子女教育的投资 > 资产保值增值投资 > 家庭应急基金 > 特殊理财目标。

李先生，32岁，月收入10000元；妻子王女士30岁，年收入5000元。俩人结婚4年，婚后育有一女，3岁。夫妻两人主要的收入来源于工资，双方父母都已退休，且有退休金，生活上有一定的保障，无须李先生夫妻给予资金支持。两人有一套价值80万元的房产，目前每月需要还房贷3500元，家庭生活开销每月在4000元左右。为了能够很好地安排家庭生活，李先生夫妇打算实行以下理财计划。

李先生夫妇留足了3～6个月的家庭备用金之后，决定用余下的钱来理财，实现家庭财产的保值和增值。首先，考虑到此阶段抚养孩子、赡养老人的压力较小，李先生觉得可以冒一定的风险，所以他将剩余资产的60%用来投资股票，同时，李先生也考虑到投资要兼具稳定性，于是选取了较为稳健的国债，占到30%；李先生还投资了灵活性较强的货币，占到10%左右。另外，李先生的妻子考虑到要给孩子良好的教育，希望在孩子高中毕业之后能够去外国留学，所以李先生夫妇打算采取基金定投的方式，每个月从工资中拿出1800元进行教育基金定投。

从案例中不难看出，李先生夫妻的投资趋势符合家庭成长期的特点，理财方式较为系统，规划也较为合理。一方面，李先生家承担风险能力较高，适当做了高风险投资；另一方面，李先生家具有一定的风险防范意识，理财方式较为稳健。同时，李先生的妻子考虑到对子女教育的长期投资，采取的基金定投方式很有必要。这种方式对家庭生活没有太大的影响，又能缓解未来可能需要的大额子女教育费用。

3. 家庭成熟期及其理财

（1）成熟期特点

家庭成熟期也叫作“离巢期”，是指孩子独立到夫妻双方退休。这时期孩子已经完成学业，并正式进入社会，开始脱离家庭。

在这个阶段，家庭中夫妻双方的事业发展到顶峰，已完成了一定的财富积累，家庭支出基本趋于稳定，收入大于支出，生活负担较轻，具备较好的理财条件。

（2）理财方向

由于子女的独立，家庭的收入和支出情况开始出现转变，这时候家庭要做好夫妻健康、养老规划，在家庭资产允许的情况下可考虑通过保险进行资产安全传承。

家庭成熟期的投资理财方向：部分条件优越的家庭可适当选择较高风险的股票或基金，大多数家庭选择以较低风险为主的稳健型理财产品。注重风险，保持平稳。在具体的投资比例上，家庭应该适当地降低股票类的投资，提高债券类投资比重；在投资种类上需要重点结合养老、健康、退休等方面进行投资。

张先生，52 岁，是一家通信公司的副总经理，每月税后收入 2 万元，年终奖 8 万元左右；妻子李女士 50 岁，在一家外贸公司任高级会计，税后收入 1.5 万元，年终奖 5 万元左右。两人育有一子，22 岁，刚从国外留学回来，目前正打算创业。

张先生夫妇有一套价值 150 万元的房产，前年已经还完全部贷款。考虑到儿子要创业，张先生夫妇打算给儿子 30 万元作为创业资金，帮助儿子创业。同时张先生夫妇采取年金保险、基金定投的投资理财方式，以保障退休后的生活。考虑到家庭条件尚可，夫妇俩用 30% 的积蓄投资了股票，用 60% 的积蓄投资了债券和基金。

从案例中可以看出，李先生夫妇收入较高，家庭无负债现象，孩子已经成年，家庭经济压力较小。同时，李先生夫妇既追求稳定收益，还渴望有高收益。于是李先生夫妇购买了股票、债券、基金。夫妻俩考虑到随着年纪的不断增大，退休养老计划要提上日程，为了能有个舒适、较高品质的晚年生活，两人选取了年金保险、基金定投等投资方式，以缓解未来的经济负担。

4. 家庭衰退期及其理财

（1）衰退期特点

家庭衰老期也叫“空巢期”，是指夫妻均退休到夫妻终老、家庭消亡。这一阶段，子女一般有了自己的家庭，从家庭中分割出去。

在这个时期，一般夫妻双方的收入来源主要是依靠养老金或其他固定收益，收入减少，同时家庭生活中除了日常的生活开支之外，在医疗健康方面的支出较多。

（2）理财方向

在家庭衰老期，家庭日常开支消耗不大，但随着年纪的增长和身体素质的降低，在医疗、保健上需要较大资金支持。尤其对于一些只能依靠养老金来维持生活、无额外固定收入的家庭来说，禁不起任何风险和突发情况。

这种情况下，对于投资理财的选择需要格外谨慎，更应该以“稳”为主。同时由于夫妻双方基本已过了投保年龄，或者身体健康状况不佳，无法购买保险。在具体的理财比例上，家庭应尽可能避免股票类投资，保守投资，建议采用定期储蓄或购买国债等保本型投资方式。

累积阶段的财产管理需求

累积阶段是指家庭财产的不断累积过程，这个阶段对应家庭形成期和成长期，在这一阶段的短期目标是家庭投资（如购房买车），长期目标是要考虑子女教育费用等。

1. 累积阶段的特点

➢ 家庭收入趋于稳定。

➢ 家庭建设、子女教育方面的支出较大，债务增加（如房贷、车贷）。

➢ 家庭开始累积资产，但家庭财富积累较少。

➢ 风险承受能力较强，可以适当进行高风险产品投资。

2. 财产管理需求

在累积阶段，家庭财产管理需求主要包括三个方面：

第一，做好支出规划，减少不必要的家庭开支；

第二，做好子女的教育投资和家庭建设投资规划；

第三，其他投资理财规划（可适当进行高风险投资）。

（1）支出规划

在这一阶段，家庭支出较大。家庭支出包括住房支出、汽车消费、信贷消费等。做好家庭支出规划能够对家庭的消费情况做整体掌控。比如，在住房支出这一块，包括住房消费和住房投资，而住房消费面临两个选择：买房或租房。绝大多数人则选择买房，家庭可以选择住房消费信贷，如个人住房公积金贷款、个人住房商业性贷款等来缓解一定的压力。

（2）子女教育投资规划

子女教育投资，包括基础教育投资和高等教育投资。随着孩子慢慢长大，所支出的教育费用也越来越多，因此要做充足的准备。家庭可以直接配置教育金保险，通过基金定投的方式来筹集资金。

（3）家庭建设投资规划

家庭建设大到家庭换房、买车等，小到给家庭配置家具家电等，都需做好投资规划。家庭建设投资也是累积阶段财产管理的一个重要组成部分。家庭建设投资不仅可以提高家庭的生活条件，而且可让财产真正为家庭生活服务。

李先生，34岁，在一家公司任财务总监，月收入2万元，年终奖4万元；妻子张女士，32岁，是一家外贸公司的翻译，月收入6000元，年终奖1万元；两人婚后育有一子，6岁，目前上小学一年级。

一家三口住在一套70平方米的房子里，房子无贷款。现在张女士怀二胎了，考虑到随着二胎的到来和母亲过来照顾二宝，现在的房子不够用了。李先生夫妇打算换一套大一点的房子，于是夫妻俩商量将目前居住的房子卖掉，贷款购买一套100平方米的二手房，并打算重新装修。同时，李先生夫妇觉得随着二胎的到来，各方面的花销支出都会增大，另外，在未来两个孩子的教育费用也会大为增加，于是夫妻俩打算为孩子们储备教育基金，采取基金定投的方式，每个月抽出一小部分工资作为投资，既不需要承担过多的压力，又能在未来获得预期收益支持子女教育费用。同时，当妻子待产在家，一家的经济压力就全部压到了李先生一人身上，所以李先生为自己购买了商业医疗保险。

李先生夫妇在这一阶段的财产管理需求主要有：

- 换一套面积大一点的房子；
- 房子重新装修；
- 给两个孩子准备足够的教育基金；
- 购买商业医疗保险。

李先生的家庭特征属于典型的累积阶段。在这个阶段，夫妻二人的发展还有很大的上升空间，家庭财富仍在累积。同时，李先生家即将有二胎，家庭经济压力较大。目前李先生家主要的财产管理需求是换一个更大的房子，也是目前最需要解决的问题；但此时房子装修可以稍微缓一缓，一方面考虑到孕妇和孩子的身体，不适合待在刚装修的房子里，另一方面考虑换房子的负担较重，装修放缓较为合理。而且李先生考虑的购买商业医疗保险和准备教育基金也很有必要，能够极大地缓解家庭未来的经济压力。

（4）其他投资理财规划

在家庭累积阶段，家庭投资理财规划也要符合家庭成长期投资理财的特点。因此在累积阶段，家庭在进行其他理财规划时，一方面，可以考虑高风险的理财产品，如股票、股票型基金等，投资比例可以占总比例的50%左右；另一方面，也要考虑到投资的稳健型，可以投资债券类理财产品，投资比例占总比例的40%左右；也可以投资灵活性较强的基金类理财产品，投资比例在10%左右。这种理财方式是累积阶段所能承受的，也是家庭在累积阶段可以冒点风险的理财规划。

巩固阶段的财产管理需求

巩固阶段对应的是家庭成熟期，在这个阶段，家庭中夫妻双方的工作已经稳定，事业发展到顶峰，家庭已经完成了一定程度上的财富积累。家庭开始侧重考虑养老、健康、家庭财产安全保障等方面。短期目标是提高生活条件，长期目标则是为退休后的安稳生活做好资金准备。

1. 巩固阶段的特点

➢ 收入大幅增加，超过了支出，财富的积累已经有了一定的规模；

➢ 债务慢慢减少，为积累退休资金减轻了压力；

➢ 注重现有资产的巩固和积累，保住现有资产；

➢ 具备一定的投资经验，中等风险投资对他们更有吸引力。

2. 财产管理需求

在巩固阶段，家庭财产管理的需求，主要包括两个方面：

➢ 将闲置的资产进行投资、选择合适的理财产品，让家庭财产保值、升值。

➢ 完善养老、健康、意外等家庭保险，以及为养老做好资金准备。

首先，选择合适的投资理财产品。

（1）股票投资

股票投资最重要的一点是要合理选择股票并长期持有。

首先，从品类繁多的股票中选择具有代表性的热门股票。热门股票的特点是在一段时期内表现活跃、交易额大、备受人们关注，如石油、电力等股票。

其次，选择业绩好、股息高的股票。这类股票的特点是稳定性较强，不会随着股市的大起大落发生明显的改变，这种股票适合长期持有。

最后，选择知名度高的公司股票。从一个公司管理者的素质和格局、企业的财务报表、企业的口碑等方面了解该公司的发展前景。同时，如果家庭成员对股票投资有较深入的研究，可以选择一些潜力股。比如，投资一些不怎么出名但发展空间大的上市公司股票，或选择敢于逆市上行的个股。

（2）基金投资

在家庭巩固阶段，家庭收入较为稳定、没有大额支出，风险承受能力也尚可。家庭在投资基金的时候，适合采取这样的基金组合方式：股票型基金投40%，货币型基金投40%，储蓄替代型基金投20%。既能兼顾风险，又能追求较高的利益。

（3）债券投资

债券具有流通性强、安全性高、收益稳定等优点，适合家庭投资。家庭在投资债券的时候，需要考虑以下几点：

第一，当近期市场利率的变化不大时，投资者可以考虑买下利率最大的债券；而卖出的时候，则选择利率最小的债券。

第二，当市场有下降趋势时，要买入利率高和市场前景良好的债券，而卖出则相反。

第三，家庭可以根据资金情况和所期望的投资时间选择合适的投资类型。如果想长期持有，可以考虑购买较长期的国债；如果想投资短期国债，可以选择在市场流通的国债，以方便兑换。

（4）银行理财产品

银行理财产品主要分为两大类：一类是固定收益产品，另一类是浮动收益产品。

这种理财产品的优势在于安全、风险较低；但劣势也很明显，收益低、流动性较差。同时，银行代理的其他理财产品也能给家庭理财提供更多选择，如外汇等金、外汇等。

其次，完善家庭保险。

财产保险是保障个人或家庭财产的有力武器。而在财产保险中，家庭财产保险也开始引起人们的重视。

家庭财产保险又分为灾害损失险和盗窃险两种。其中灾害损失险的投保范围包括房屋及装修、家具家电、燃气用具、乐器、体育器械等家庭财产损失，还包括火灾、地震、泥石流等由自然灾害和意外事故造成的伤害；附加险有盗窃、抢劫和金银首饰、钞票、债券保险以及第三者责任保险等。

而盗窃保险包括在正常情况下留有明显现场痕迹的盗窃行为，使得财产受到损失的；除了家庭财产保险之外，家庭成员的保险同样很重要，如养老保险、医疗保险等。

方先生，50岁，是一家公司的高管，年薪百万。妻子方太太，48岁，是一名会计，年入15万元左右。两人婚后育有一子一女，儿子18岁，刚高中毕业；女儿10岁，在读小学三年级。

方先生夫妇的父母年事已高，身体也大不如前，时常需要住院医疗。当前方先生家的资产情况是：活期存款90万元；100万元定存；50万元黄金和收藏品投资；股票50万元，已亏20万元；200万元信托产品；另外，自住房一套，价值280万元，还有一套价值200万元的房产，只作为投资，目前房价一直在升值。家中有一部45万元的轿车。

从当前情况来看，方先生的资产较为丰厚，但支出费用也较大，每月开销在2万元左右。同时，方先生打算今年送大儿子去国外留学，等小女儿高中毕业后也送出国。考虑到夫妻两人年纪越来越大，除了公司购买的各项保险之外，方先生夫妇还希望能够购买商业保险和财产保险，保障家庭成员人身及家庭财产安全。

方先生一家在这一阶段的财产管理需求有：

➢ 调整投资方案，减少亏损；

➢ 准备子女的出国留学费用；

➢ 购买商业保险；

➢ 购买财产保险；

➢ 合理避税。

从方先生家的当前情况来看，资产较为雄厚，投资种类众多。考虑到此阶段为家庭成熟期，收入也基本稳定，所以此阶段的投资方式应趋于稳健。方先生可以将投资重心转移到稳健型理财产品上，如投资国债、货币、固定收益类理财产品。为了能够让子女出国留学费用充足，方先生夫妇要相应地降低高风险投资。

在家庭保险方面，考虑到方先生夫妇可以购买商业保险，如人身保险和养老型保险等，给双方老人购买商业意外保险。同时，方先生家的资产较多，为了避免意外损失或者避免高额税务，可以购买财产保险或信托产品等来保护财产，并合理避税。

最后，根据退休规划做好相应财产管理。

一般来说，家庭退休规划的目的在于拥有一个安全、幸福的晚年生活。能够有钱花、不愁钱花、有钱看病、有钱旅游等，保持一个较高品质的生活。为了达成此目的，家庭退休规划一般包括以下几个方面：

➢ 保证生活品质：根据退休后的生活水平要求，以及保健、医疗、兴趣爱好等费用，总体预估需要储备的资金额。根据这个额度，做好财产规划。

➢ 商业保险投资规划：夫妻俩需要为退休后的生活购买商业保险，以缓解一定的经济压力。成熟期的家庭可以购买人身保险、意外保险、医疗保险等险种。

➢ 负债管理：在这一阶段，为了能让晚年生活更为轻松，夫妻俩应尽量将家庭负债项目降至最低，到退休阶段，家庭负债项目基本为零。

支付阶段的财产管理需求

支付阶段与家庭衰退期相对应，整个家庭财务进入消耗阶段，开始慢慢消耗前面两个阶段所积累的财富。在这一阶段的短期目标是维持稳定的生活水平，长期的目标是做好家庭财产的传承。

1. 支付阶段的特点

➢ 家庭夫妻双方已经退休，收入减少，支出增加。

➢ 生活费用由之前积累的资产和社会保障收入来提供。

➢ 抵抗风险的能力比较低。

2. 财产管理需求

在支付阶段，家庭财产管理的需求，有两大方面的内容：一是合理规划手里的资产，维持退休后的生活；二是考虑如积蓄、股权、房地产等财产的继承问题。

（1）制订收支计划、投资规划

因为在支付阶段，家庭收入稳定但收入降低，要想维持正常的生活方式，那么就要提前做好预算，做出具体的月预算和年预算。退休后生活水平由经常性开支和非经常性开支两方面来设定。每月固定的开销，如衣食住行的花费，此为经常性开支；医疗、休闲花费等为非经常性开支。

此阶段风险承受能力较弱，因此不建议投资高风险的投资产品。在理财方面适合选择一些稳健型的理财投资产品，并尽可能多投固定收益类产品。可以选择这样的投资组合方式：债券投资占 60% 左右，货币投资占 20% 左右，定期储蓄占 20% 左右。

（2）制订财产传承规划

中产阶层家庭经过多年的打拼，会积累到一定的财富，不仅包括房产、车子这类固定财产，还有可能积累到一些无形财产、金融财产和债权财产等。其中，很多财产的传承都需要以书面申请的方式通过相关部门或机构的审批，以法律支持的方式传承财产。因此，财产传承时可以通过专门的机构保证财产传承的法律效应。比如，采取家族信托的方式。

家庭信托是指委托人提前以遗嘱的方式将信托财产的管理、分配等权利进行划分。等遗嘱生效时，将信托财产转移给受托人，由受托人根据信托内容来分配财产。家族信托的价值在于它具有风险隔离性，能有效地保护财产和保密信息，另外，信托能相应地减少一些税务。

江先生，62 岁，退休两年，退休工资 7000 元左右；江太太，56 岁，刚退休一年，退休工资 5000 元左右。江先生夫妇有一儿一女，各自成家立业。

江先生家目前的资产情况如下：家庭无任何负债。两人名下有两套房产，一套面积100平方米，用于老两口居住；另一套面积120平方米，位于市中心，用于出租，每月能获得近万元的房租；艺术品价值70万元；夫妻俩有存款近100万元。

江先生夫妇俩对于退休生活已经做好如下安排：一是维持较高品质的老年生活，每年出国旅游1次，每个月参加老年社团活动10次；二是考虑两个孩子都已各自组建家庭，小家庭经济压力比较大，江先生希望通过财产传承的方式帮助他们减轻压力。同时，江先生有两个孩子，他希望财产能够以公平的方式分配给孩子，避免因财产分配不均造成家庭矛盾。

江先生夫妻俩已处于退休状态，此时支大于出，工资收入大幅减少，收入来源主要有房租和养老金。但江先生夫妻的退休金和存款能够保障夫妻二人有较高的养老生活水平。为了能够合理避税和财产公平分配，老两口可以采取保险或家族信托等方式解决财产传承问题。

家庭财务现状分析

家庭财务现状分析，主要是根据信息整理情况，提高家庭财务现状的综合分析，主要包括收支储蓄现状分析、资产结构、资产配置和投资现状分析、信用和债务管理现状分析、家庭财务保障现状分析以及家庭流动性现状分析。

做好家庭日支出统计表、家庭资产负债表、家庭收支储蓄表，是分析家庭财务状况、进行家庭收支规划最重要的工具。

1. 家庭日支出统计表

家庭日支出统计表能够帮助整个家庭对消费状况的把握，是做家庭月收支统计表或年收支统计表的基础。而且，对家庭日支出统计表数据的分析，可以调整整个家庭的消费计划以及减少不合理的消费支出。

一般家庭日支出统计表的格式如下：

家庭日支出统计表（单位：元）									
时间：				统计人：					
日期	消费项目								
	日常用品费用	伙食费	置装费	教育费用	交通费用	通信费	人情费用	娱乐费	其他费用
1号									
2号									
3号									
4号									
5号									
6号									

2. 家庭资产负债表

家庭资产负债按照负债用途一般分为：消费性负债，如信用卡借款、小额消费信贷；投资性负债，如投资用房贷、实业投资借款；自用性负债，如自用房贷款、自用汽车贷款等。

王先生，42岁，是一家公司的高管，月薪2万元，年终奖10万元。妻子李女士，40岁，是某公司的财务主管，月薪6000元，年终奖5万元。两人婚后生有一儿一女，儿子15岁，在上高一；女儿10岁，在上小学三年级。

王先生家庭财务情况如下：房子全款购买，市值100万元，用于自住；市值80万元的公寓，现处于闲置状态，公寓首付30万元，15年本息一共要还款70万元；全款购买的一辆价值20万元的轿车。王先生夫妻双方养老金个人账户余额一共15万元，医保账户余额一共5000元。

王先生家庭银行定期存款30万元、活期5万元，现金5万元。银行定期存款和活期存款一年利息大概1.4万元，此外，王先生在股票上投资了15万元，现在市值10万元左右；一年前购买了10万元国债，目前价值11万元左右，5万元的基金，目前价值5.5万元左右。王先生的爱人李女士爱好珠宝，陆续购买了价值10万元的珠宝。

王先生家庭财务支出情况如下：

家庭每月需要还将近4000元的房贷，车险每年将近花费1万元左右。每月家庭日常开支5000元，人情往来每月支出2000元，小孩各项教育费用每月支出3000元，每年旅游消费1万元。各项利息支出和手续费每年在5000元左右，信用卡欠款2万元。近年来，随着身体素质不断变差，王先生和妻子越来越关注身体健康，夫妻两人购买了人寿养老保险和意外伤害医疗保险，每年支出1万元左右。

根据王先生家的情况，做家庭资产负债表如下：

家庭资产负债表（单位：万元）					
流动资产	**期末**	**消费性负债**	**期末**	**净值**	
现金		信用卡借款	2	流动资产-消费负债=流动净值	
活期存款	5	小额消费信贷	0		
基金	5	其他	0		
流动资产总计	10	消费性负债总计	2	流动性净值	8

续表

投资资产	期末	投资性负债	期末	净值	
定期存款	30	投资用房贷	70	投资资产−投资负债=投资性净值	
股票	15	金融投资借款	0		
债券	10	实业投资借款	0		
养老金个人账户余额	15	投资性消费总计	0		
医保账户余额	0.5				
金银首饰珠宝	10				
投资资产总计	80.5	投资性负债总计	70	投资性净值	10.5
自用房产	100	自用房贷款	0	自用资产−自用负债=自用性净值	
自用汽车	20	自用汽车贷款	0		
自用资产总计	120	自用性负债总计	0	自用性净值	120
总资产	210.5	总负债	72	家庭净值总计	138.5

从表格中可以看到，王先生家的资产结构项目丰富，而且安排得较为合理。不仅购买了房产、车子这类固定财产，还投资了金融理财产品、珠宝。

首先，王先生家的流动资产一共有10万元，投资资产一共有80.5万元，投资资产所占家庭资产的比重较大。虽然王先生夫妻都是公司中层管理，收入都较为可观，家庭综合收入不仅稳定而且收入较高。但由于养育两个孩子、房贷、家庭日常开销等费用不低，导致家庭负担也较重。所以，王先生家需要配置较多的流动资产，适当减少投资资产。王先生应该适当减持股票投资，防止当家庭急需资金时，股票、债券无法及时变现。

其次，王先生和妻子经过多年的打拼，家庭积累了一定的财富：有两套房产，且价值不菲。当前负债较少，最大的负债就是房贷。王先生也做了不少投资：股票、国债、基金、珠宝、房产，除了股票处于亏损状态，基金和国债都在升值，能够给家庭带来一定的收益。

考虑到王先生当前的经济压力以及身体状况，王先生可以为家庭成员以及家庭财产购买一些商业保险。另外，投资住房目前处于空置状态，没有产生经济效益，可以将公寓用于出租。

最后，依照两人的年龄来看，收入还有提高的空间，家庭财富还处于累积的阶段。

3. 家庭月收支储蓄表

家庭收入项目	金额	家庭支出	金额（元）
工资总收入	26000	日常支出	5000
		教育支出	3000
		房贷支出	4000
		人情支出	2000
月度结余	12000元		

从王先生家的收支情况来看，王先生家是处于收入大于支出的模式，因此家庭无较大的经济压力，王先生家每月较大的支出是日常支出，其次是房贷支出、教育支出和人情支出。从以下几个数据来了解王先生家的资产使用情况。

- 负债收入比率＝月负债/月税前收入。根据这个公式计算，王先生家的负债收入比例在0.15左右，这个数值低于0.4，说明家庭的财务状况良好。
- 净资产偿付比率＝净资产/总资产。根据这个公式，王先生家庭的净资产偿付比率约在0.81，这个结果反映了王先生家综合还债能力较强。一般来说，指数控制在0.5左右就比较合适。从王先生家的指数来说，王先生还可以进行一些负债，即“借鸡生蛋”，利用自己良好的信用情况，借款来实现家庭财务结构的优化升级。
- 投资与净资产比率＝投资资产/净资产。王先生家投资与净资产比率约为0.16，一般来说，这个指标应该保持在0.5以上。王先生家的投资与净资产比率指数说明他通过投资提高净资产规模的能力还有待提高。

4. 家庭年收支储蓄表

家庭收支储蓄表/年（单元：万元）					
工作收入	金额	生活支出	金额	储蓄	
工资	31.2	生活费	6	工作收入−生活支出=工作储蓄	
奖金	15	房贷	4.8		
其他	0	教育费用	3.6		
		旅游费用	1		
		人情费用	2.4		
工作收入总计	46.2	生活支出总计	17.8	工作储蓄	28.4
理财收入		理财支出		理财收入−理财支出=理财储蓄	
利息	1.4	利息支出、手续费	0.5		
股息	0	保险	2		
红利	1.5	其他	0		
其他	0				
理财收入总计	2.9	理财支出总计	2.5	理财储蓄	0.4
总收入	49.1	总支出	20.3	总储蓄	28.8

王先生家的收支情况存在以下几点关系：

首先，王先生和妻子的年总收入在49万元左右，生活支出总计17.8万元，约占总支出的88%，占家庭总收入的36%，家庭每年支出金额没有超出家庭总收入的一半，消费较为合理。每年保险费一共支出2万元，占总支出的4%左右。正常来说，家庭保险支出应该占家庭年收入的10%，所以王先生一家还需要在保险上加大投入，全面保障家庭的安全。

其次，考虑到王先生家的大儿子第二年就要上大学，如果在国内读书，以王先生家的收入足以支撑。但如果选择出国留学，王先生和妻子则要做好财产管理，要留足孩子留学四年的费用。因此可以购买一定的教育基金，如定期年金保险，每月往账户中打入一定的资金，期限为 3 年，稳定性强，又能获得收益，实现王先生夫妇送孩子出国留学的计划。

最后，王先生夫妇还要做好养老规划，可以相应地购买个人养老商业保险和采用基金定投的方式，等退休之后能获得一笔可观的收入。

设定家庭财产管理目标

家庭财产管理的最终目标是实现家庭财产的保值与升值。在了解到家庭财务状况之后，就要根据家庭特点、实际财产现状做好相关分析，合理、切实地制定家庭财产管理目标。一般来说，家庭财产管理目标有短期、中期、长期之分。

➢ 短期目标：一般在一年或一年以内。例如，家庭打算在一年以内换一辆更为高端的车子，或者全家出国旅游一趟。

➢ 中期目标：一般在 2 ~ 10 年。例如，家庭想要买房或者送子女出国留学等。

➢ 长期目标：一般在 10 年以上。最常见的长期目标是家庭制订退休养老计划，提前做好投资，以保证有一个幸福轻松的晚年生活。

家庭财产管理目标的设定对家庭有着重大的意义和价值，因此，家庭在设定目标的时候，需要主要注意四个方面的内容。

1. 合理规划日常生活

在家庭财务分析的基础上，了解到家庭消费的基本情况和收支情况。家庭在设定财产管理目标的时候，要合理规划日常生活开支，让家庭生活有序进行，这样设定出来的目标才更为合理。

2. 了解家庭风险敞口

在进行家庭财产管理目标的设定时要了解家庭风险财产。其中包括子女的教育费用、父母的赡养费用、自己的养老费用、意外重大事故等，这些都是家庭风险敞口。其中家庭资产负债情况要予以足够重视。

3. 充分评估风险承受能力

在设定家庭财产管理目标的时候，要充分评估家庭风险承受能力。家庭在不同的阶段，风险承受能力也是不一样的，家庭财产管理目标的设定应随之变化。

家庭形成期的风险承受能力较高，此时家庭财产管理目标的设定可以开放一些，高一点；家庭形成期的风险承受能力较弱，家庭在设定目标时，则要保守一些；家庭成熟期的风险承受能力也较强，家庭财富达到了最饱和的状态，此时家庭在设定财产管理目标时可综合考虑开放目标和保守目标。

4. 合理有效地设定目标

家庭在设定财产管理目标时，一定要合理有效、切实可行。

（1）目标是可衡量的

家庭在设定财产管理目标时，目标是可衡量的，是具体可感的。例如，家庭想要在一年内购买一辆价值 20 万元的汽车，这就是能进行衡量的目标，用明确的数值可以表现出来。

（2）目标是能达成的

家庭财产管理目标的设定，要切实根据家庭的实际收入水平和消费水平来制定，要有实现的可能，而不是盲目地制定高目标。例如，年收入 50 万元的家庭，想在三年内购买一套价值 500 万元的别墅，这个目标的设定是脱离生活的，没有实际意义。

（3）目标是有期限的

家庭在设定管理目标时，很重要的一点是目标具有时间性，即家庭要以多长时间实现目标。例如，孩子现在10岁，读小学三年级，打算让孩子在18岁高中毕业时出国留学，那么家庭就要在8年内攒够留学费用，实现目标的期限就是8年。

江先生，45岁，在一家企业担任工程师，月收入2万元，妻子袁女士，42岁，在一家玩具公司担任设计师，月收入8000元。江先生夫妻都在公司购买了五险，两人都有年终奖，江先生每年10万元，袁女士每年4万元。夫妻两人婚后育有一子，16岁，上高中一年级。

江先生家每年日常消费在5万元左右，孩子教育花费每年3万元左右，娱乐花费2万元，养车费用在1万元左右，同时，江先生夫妇每年给双方父母各4万元。

江先生家当前的资产情况是：银行定期存款30万元，活期2万元，现金1万元。一套140平方米的房子，总价值100万元，没有贷款。

江先生的理财目标是：一是考虑到自家现在用的这辆汽车款式较旧，车子功能也下降了，江先生打算在两年内换一辆30万元左右的汽车；二是2年内积累60万元孩子出国留学的费用；三是10年内全款购买一套80万元左右的房子；四是15年内预留出80万元存款养老。

从江先生家的当前情况来看，存在以下三个特点：一是江先生家的收入较为可观，家庭具备一定的经济实力；二是江先生尚未进行任何的投资理财活动，家庭资金闲置，没有发挥出应有的价值；三是江先生正处于“上有老，下有小”的家庭结构中，虽然家庭财富正处于快速累积的状态，但家庭负担也较重：要赡养四位老人、储备孩子出国留学的费用、夫妻的养老费用。江先生的财产管理目标设定有合理的地方，如送孩子出国留学、预留50万元存款养老；但也有欠妥的地方，如江先生没有意识到对家庭财产的安全，对家庭财产安全的管理没有设定目标。

家庭财产配置

在设定好家庭财产管理目标之后，就要对家庭财产进行配置。在实行配置的过程中，需要根据家庭实际情况和承受风险的能力合理地配置财产，使家庭财产管理最优化。

总体来说，家庭财产配置主要涉及两大方面。一方面，留足储备资金，并购买一些保障性的保险，以应对突发事件的发生；另一方面，将家庭余下来的财产进行投资管理，追求较高的价值和利益，实现财产的保值和增值。

王先生在一家酒店当经理，年收入 25 万元，公司为他购买了五险一金，妻子在一家公司当人事经理，年收入 10 万元，公司为她购买了五险。两人有一个 8 岁的女儿，上小学一年级。

王先生的财务情况：一套价值 80 万元的房子，无贷款，一辆十几万元的车子，存款 50 万元。平均每月车子开销在 2000 元，家里日常花销加上孩子的教育费用，每月一共 6000 元。

王先生觉得把 50 万元存入银行利率太低，打算将这笔资产进行配置，于是他选择了以下方式。

首先，留出了 3 万元的家庭备用金，主要用来日常开销和突发事件应急。

其次，王先生拿出了 10 万元给一家三口都购买了健康保险。

最后，王先生拿出了 30 万元进行组合投资，购买了基金和债券这类风险低，具有稳定收益的理财产品。另外，王先生拿出存款剩余的 7 万元，购买了股票和股票型基金这类高风险、高收益的理财产品。

案例中，王先生的家庭财产配置能力较高，家庭财务配置得也较为合理，能够从日常生活、保险、保值、升值四个方面对家庭财产进行合理配置，从而获得一定的收益。其实家庭财产资产配置主要从这四方面入手，具体操作如下：

1. 基本层：日常生活

家庭在配置财产资产时，第一步就是要留出短期（一般为 3 ~ 6 个月）的日常开销所需用钱，一般这个费用占家庭资产的 10%。这部分资金主要用于以下三个方面：

➢ 日常开支：家庭中的日常生活费用和家庭设施产生的费用，如衣食、交通、物业费、水电、煤气等费用。

➢ 家庭教育：既包括孩子的教育费用，也包括成人的再教育费用。

➢ 突发事件：生活中出现一些紧急事件或突发疾病所需的费用。

2. 基石层：保障性

在留出“要花的钱”之后，就要考虑“保命的钱”，一般占家庭资产的 20% 左右，用于应急、风险防范基金。它又分为两个方向：银行存款和保障性保险。在银行存款这一部分，主要用于零用或应急。而保险性保险则是出于风险管理而建立起来的，它主要涉及三个方面的内容：

（1）购买财产保险

财产保险是保险人根据合同对投保人因自然灾害或意外事故等造成的损失进行弥补。例如，当家庭财产（如家具、珠宝、电器等）遭遇地震、洪水、盗窃等伤害时，可以得到相应的损失赔偿，在一定程度上保障了家庭财产的安全。

（2）购买健康保险

医疗保险是健康保险的主要内容之一，常见的医疗保险有四种：普通医疗保险、住院保险、手术保险、特种医疗保险。医疗保险在一定程度上能补偿疾病所带来的医疗费用。当被保险人因生病住院或检查、吃药等花费较高的时候，能报销一部分医疗费用，减轻因疾病产生的经济压力。

最近持续几天，李女士都感觉自己胸部有闷胀感。去医院检查发现得了冠心病。李女士在治疗过程中共花了12万多元。幸运的是，李女士一直都在缴纳社会医疗保险并购买了商业医疗保险，因此治疗期间，李女士获得400元一天的重大疾病住院津贴。同时，社会医疗保险和商业保险报销了部分治疗费用，为李女士一家减轻了不少经济压力。

从李女士的案例来看，健康保险十分重要。它能够在一定程度上减轻家庭因重大疾病带来的经济压力，起到一定的保障作用。

（3）购买意外保险

意外保险对家庭来说也具有重要的作用与价值。当家庭遭受意外重创时，如地震、车祸时，此时意外保险能降低家庭的损失，缓解经济压力。

3. 保值层：保护财产安全

在保值层，考虑到要为子女教育、养老及未来生活所需费用做好资金准备，所以要保证一部分财产得到稳定收益。家庭财产配置可以从以下两个方面考虑：

（1）储蓄

在中国家庭理财中，储蓄是常见的理财选择。下面有三种较好的储蓄方式：

一是“阶梯存钱法”。例如，你有1万元，你可以将其分成五份，然后设为1年期存单、2年期存单、三年期存单、4年期存单、5年期存单，当1年期存单到期后，你可以再去开设一个5年期存单，可以继续收获利息。

二是利滚利存款法。就是将定期储蓄和零存整取的储蓄方式相结合，产生“利滚利”的效果。

三是定期存款。银行定期存款是很多人采取的一种投资理财方式，存期为 3 个月、6 个月、1 年、2 年、3 年、5 年等，当存款到期，可以选择按原存期自动转存多次。定期存款具有稳定性较高、资金灵活、起存金额低、存期选择多、省心方便等特点和优势。

（2）购买风险小的理财产品

风险小的理财产品一般收益不高，但是稳定。债券型基金主要是以国债、金融债等固定收益类产品为主要投资对象的基金，具有稳定性强、风险低等特点。

4. 增值层：风险投资

在增值层，可以做一些收益大、风险大的投资。在不影响基本生活质量的前提下，获取高利益。家庭在风险投资的时候，需要具备一定的投资经验和投资能力。风险较大的投资有股票、外汇、艺术品等，家庭在投资这类产品时，需要做好风险预估和防范。

（1）股票

股票兼具高风险和高收益的特点，家庭在投资股票之前，需要学习一定股票专业知识。在投资的时候，要综合考量自己的投资动机、资金实力、股票知识和市场、自己的专业度，把握好投资时机。

另外，选择适合自身的投资方式也很重要，具有较好的规避风险的股票有定期定投、固定比例投入和可变比例投入三种投资方式，这些投资方式帮助家庭既能赢得一定的收益，又能相应地降低风险。还有一点需要注意：家庭在慎重购买好一支股票后，要长期持久。一般来说，持有的时间越久，收益越高。

（2）外汇

外汇是指外国货币或以外国货币表示的能用于国际结算的支付手段，包括外国货币、外币支付凭证、外币存款等。它具有高流通性、成交量较大等特点。家庭在投资外汇的时候，需要掌握一定的投资技巧。具体要注意以下几个方面的问题：

➢ 在投资外汇之前，最好先用模拟账户来体验一下外汇投资的感觉，先熟悉一下操作方法并学习一些外汇投资的技巧。

➢ 选择在最佳时机开盘，即根据汇率的水平以及自己的经验进行判断，抓住最佳时机。

➢ 在汇市最活跃的时候选择交易。汇市上有两个点对交易起着重要的作用，即上档阻力位和下方支撑位。前者是指前期没有突破的高点；后者是指前期突破的低点。家庭在投资的时候，需要充分研究这两个点的运势，了解汇市的走向。

➢ 顺势交易是外汇市场制胜的秘诀。投资者要根据自己对汇率走势的判断来决定平盘的时间，避免贪图小便宜的心理，要顺势而为。

李先生在和一位外国客户聊天中了解到，客户在短短的十几分钟内，竟然靠外汇交易赚了 3 万美金，李先生感到震惊的同时，也开始对外汇产生兴趣。于是，李先生在请教了他人和阅读了几本外汇的相关书籍之后，迫不及待地进入了外汇市场，一开始投资了 3000 美金，前几单都赚钱了。李先生一边庆幸，一边感叹这钱也太好赚了，于是加大投入，却没想到一下子一笔交易就爆仓而终。李先生不甘心，陆陆续续地投资，不到两年的时间，李先生就亏光了自己全部的积蓄。

这个案例反映了人们往往只关注外汇的高收益，而忽视了它的高风险。在投资外汇的时候，家庭要轻仓交易，当本金受损的时候，要及时收手止损，否则有可能血本无归。

（3）艺术品

近年来，艺术品投资也成为家庭投资的热门，一方面，艺术品投资具有高雅性，有着极高的审美趣味；另一方面，一旦家庭投资成功，将会获得一大笔收益。但现实情况往往由于家庭缺乏鉴赏真品的能力，出大钱买到的却是赝品，损失惨重。

第三章

家庭现金管理

家庭现金管理是家庭财产管理的重要组成部分，做好现金管理不仅对家庭的发展，甚至对社会的发展都起着重要作用。因此，每个家庭都要重视做好家庭现金管理，并提高家庭现金管理能力。

什么是家庭现金管理

家庭现金管理是家庭财产管理的重要组成部分。从某种程度上来说，家庭财产管理的基础就是进行家庭现金管理。

家庭现金管理就是为了满足家庭的短期需求，而对家庭的日常现金及现金等价物的管理活动，以及由于家庭临时需要而进行的短期融资活动所进行的计划安排。这涉及两个方面的重要内容：一是现金及现金等价物的管理；二是短期融资活动。家庭现金管理主要受以下两个因素影响：

➢ 对金融资产流动的要求：包括家庭的收入与支出、家庭消费与储蓄等。

➢ 持有现金及现金等价物的机会成本：涉及投资、短期融资等活动。其中现金等价物的特点包括流动性强、价值变动风险小、期限较短、易于兑换成已知金额的现金。例如，短期债券、储蓄存款等其他短期投资工具。

做好现金管理对于每一个家庭来说都十分重要，不仅影响家庭的生活质量，更关系到家庭的生存和发展。做好家庭现金管理能够有效避免出现家庭财务危机，实现家庭的财务目标。

陈先生，36 岁，是某家公司的部门经理，月收入 1 万元。妻子，35 岁，是一家公司的职员，月收入 5000 元，两人育有一女，10 岁，在上小学。

陈先生家当前存款 15 万元，每月需要还房贷 3000 元，每月家庭基本生活开销 5000 元，外出就餐、购物、娱乐要花费 3000 元左右。每年在旅游上的花费需要 1 万元，人情、探亲费用 1 万元。

从当前陈先生家的收入和支出来看，陈先生家收入比较高，但每个月的支出较大，占收入的一半以上，说明消费偏高，需要合理抑制消费。例如，控制每月外出吃饭、购物的花费，相应地减少不必要的日常开支，暂时不考虑旅游，将人情、探亲开支控制在一个合理的范围内。

另外，陈先生家缺乏家庭现金管理的意识，当出现紧急突发事件时，有可能导致家庭财务危机。那么家庭如何做好现金管理呢？

1. 每天做好消费记录

一般来说，家庭在现金管理方面最方便的办法就是记账，小到日常开支，大到意外支出、大宗消费，都要详细地记录下来。除了手写记账簿之外，还可以采用各种 APP 来记账，从账目中能够清晰地看到消费记录和消费的合理性。记账的作用不在于“记账”本身，记账真正的目的和价值是帮助家庭清楚自己的消费状况，引起家庭对控制不必要的花费的重视。

在现代社会，现金支付的机会越来越少，大多数消费都是依靠移动支付完成。这些移动支付一般都会自动保存消费记录，建议将这些消费记录同步记录在手账上。这样整个家庭的消费情况才能做到一目了然，并能够及时关注到不必要的消费，从而理性消费。

2. 准备好家庭预留金

家庭现金管理有一个很重要的核心就是准备好家庭预留金。家庭预留金除了提供日常开销外，通常用来应对一些突发情况，如家庭成员突然失业或丧失劳动力、急病、天灾人祸等急需用钱的情况。

一般来说，一个家庭所预留的现金应该是半年到 1 年的生活费。当然，有贷款的家庭，还需预留出 2 ~ 3 个月的贷款。家庭预留金要注重其流动性和安全性，能做到随用随取，家庭可以用活期存款形式将这笔钱储存起来，方便管理。一般可以从以下几个因素进行综合考虑，合理安排家庭预留金：

（1）现金流动性动机

日常生活中，对现金流动性的要求主要体现在三个方面。一是交易。这部分现金主要用于衣食住行、文化娱乐等方面的消费；二是预防。这部分现金主要用于应付家庭紧急突发状况。对于有孩子、老人的家庭来说，家庭紧急备用金则可以多准备一点，以防孩子发烧感冒、老人摔倒等日常较为常见的现象；三是投机。最常见的就是将闲钱用于投资活动。

（2）风险偏好程度

风险偏好高的家庭，主动追求高收益、不十分注重收益稳定性的家庭，紧急备用金可以少留一点。风险偏好程度低、不求高效益，只求稳定，风险承受能力低的家庭可以预留较多的现金。

（3）持有现金的机会成本

是指家庭因持有一定数量的现金所放弃的报酬。因此，当家庭有着较强的理财能力和较好的理财渠道，如果此时家庭持有的现金越多，则放弃的机会成本就越高，所以可以少预留一些现金。也就是说，家庭本可以拿着这笔闲置的资金进行投资，如购买股票、债券或基金，但家庭只是将这些本可用于投资的资金闲置在家中，没有发挥出现金的最大价值。

（4）现金收入来源及其稳定性

如果家庭成员工作稳定，收入较为丰厚，或者同时有其他收入来源并且收入稳定，那么家庭可以少留一些现金；反之，家庭则要多准备一些，并保证好这些现金的安全，以防在现金出现损失，无法满足生活需要。

（5）现金支出及其稳定性

如果家庭无意外大项开支，仅是维持日常生活的开支，支出稳定，那么家庭可以少留一些现金；反之，则要多准备一些。

（6）非现金资产的流动性

是指当家庭除了现金之外，其他资产是房产或实业投资等变现的周期长，且变现价格不确定性高的流动性较差的资产，那么要多留一些现金。

从以上能够看出，现金的高流动性是以牺牲相应的收益而获得的，因此需要慎重地对家庭现金进行管理。

3. 理性消费

家庭现金管理的第三步就是要学会“节流”，将每一分钱花在刀刃上，减掉不必要的开支，这就要求家庭学会理性消费。现代家庭对现金管理意识不强，喜欢冲动消费，再加上移动支付的无感知消费，导致无形中产生很多不必要的资金浪费。

其实，日常生活中有些消费是可以避免的，尤其避免盲目追求名牌、奢侈品产生的较大消费。因此，在消费之前，可以列举一个清单，清单上只列举必须购买的产品，带着清单购物。

4. 制订现金规划表，并严格执行

为了更好地管理家庭现金，可以制订现金规划表，如现金流量表、家庭收支预算表等表格。家庭按照要求做出表格，然后严格执行，让家庭现金管理井然有序。

例如，在支出预算这块，包括家庭日常消费支出、投资支出等其他支出；然后将年度收入、支出、储蓄预算分到每个月，做好每个月的支出预算，并将本月预算和上个月作对比，看看哪些项目支出发生了变化，变化是否合理，并根据实际情况作出调整。家庭成员要养成记账的习惯，而记账项目需要与预算科目相同，以便及时对应，并分析出其中的差异。

家庭收入、支出与资产

家庭收入、支出和资产是进行家庭现金管理的重要依据。因此，对家庭收入、支出及资产的分析和规划，有着重要的价值和意义。

1. 家庭收入

家庭收入是指家庭劳动者通过多种方式与形式，积极参加社会生产劳

动或个体生产经营、投资等理财活动，取得的各种货币、实物、劳务收入的总和。它包括劳动收入、财产收入、投资收入和其他收入四大类。

- 劳动收入。是指劳动者在劳动中获得的报酬。夫妻在工作中获得的工资、奖金和各种津贴、补贴等，这些都属于劳动收入。
- 财产收入。是指使用了别的经济主体所持有的金融资产、土地、特权，以及其他无形财产而发生的收入转移。主要包括金融负债和金融资产的利息及红利等。
- 投资收入。是指家庭成员与非家庭成员之间因投资与借贷所引起的报酬，如利润。
- 利息等其他收入。包括：直接投资、证券投资和其他投资所得报酬的收入。例如，家庭购买股票、基金、债券等投资理财产品，并靠这些投资获得了一定的收益。

李先生，35 岁，是一家公司的经理，月入 1 万元；妻子江女士，33 岁，是一名小学教师，月收入 5000 元。

最近王先生对投资理财有了兴趣，但因缺乏投资经验，王先生选择比较保守的理财方式：购买了 5 万元的股票型基金和 10 万元的债券。一年后，王先生获得了 2500 元的基金投资收益和 3000 元的债券收入，此时王先生共获得的 5500 元就属于投资收入。

2. 家庭支出

家庭支出是指现金的支付，家庭支出项目一般比较庞杂，主要包括两大类支出：消费性支出和投资性支出。

- 消费性支出：是指家庭成员在日常生活消费中所支出的费用。小到穿衣吃饭、文化娱乐，大到买车购房，这些都属于消费性支出的范畴。
- 投资性支出：是指将钱用于投资的一种支出，如家庭选择购买股票、证券等投资行为，这些都属于投资性支出。

王先生，30岁，每个月到手工资8000元，享有节日奖励，每年大约6000元，年终奖10000元。妻子，26岁，每月到手工资4000元，年终奖8000元。

王先生家每个月正常生活费用在3000元，房租每月1500元，车子每月需要花费800元的油钱，同时朋友间的人情往来每月要花费1000元。此外，王先生还投资了股票，共计30万元，现在市值11万元。

从王先生的案例来看，家庭收入主要来源比较少，主要依靠夫妻两人的工资、奖金。同时，家庭支出费用比较多，消费性支出主要是生活费、房租、车子和人情往来的费用，投资性支出主要是股票投资，而且股票投资处于亏损状态。

因此，王先生要做好家庭支出规划，从消费性支出来看，王先生和妻子两人的日常支出虽然合理，但还需适当减少开支；在投资性支出这方面，王先生的股票由原先的30万元亏损到当前的11万元，损失惨重。虽然此阶段王先生家庭承担风险的能力较高，但也要调整投资性支出，及时止损，并选择一些风险较低能获得稳定收益的投资理财产品，如债券等。

3. 家庭资产

在家庭现金管理的范畴中，家庭资产主要包括四大类：流动性资产、自用性资产、投资性资产和消费性资产。

（1）流动性资产

流动性资产包括现金、活期存款、货币市场基金等。它的特性是可保本（变现时不会有资本损失）、安全性和流动性最高，但获利性低。流动性资产主要是预防家庭日常开支及其可能遇到的失业等风险，是基于预防性的需求考虑的。

（2）自用性资产

自用性资产包括家庭自用且拥有产权的房屋、汽车、珠宝首饰等资产。它们能给家庭提供使用价值，在一定程度上可以变现，但持有它们不是以赚取价差为目的。

但自用性资产可以用来获取价值，如租房获得房租、车子可以出租、珠宝可以增值等。但与此同时，购买自用性资产也要承担一定的风险，或者给家庭带来一定的经济压力。例如，车子在使用的过程中不断损耗；家庭收入比较低时，贷款买房会加重经济负担。因此，在购买自用性资产的时候，要站在家庭是否必须和家庭经济实力的基础上理性综合考虑。

（3）投资性资产

投资性资产是指家庭通过购买股票、债券、基金、固定收益产品、期货、投资性房地产、艺术品等获得的收益。需要注意的是，在投资这些理财产品的时候，需要依据家庭实际财务状况和不同的家庭财务生命周期，相应地投资产品，切忌盲目投资，一味追求高收益，而忽视了风险性。

（4）消费性资产

消费性资产是指能够用来满足人们消费的资产。从日常生活来说，人们购买车子代步、购买洗衣机帮助解放劳动力、购买房子用于居住等都属于消费性资产。

消费性资产一方面能够满足人们生活中的某种需求，另一方面也可以用于投资，如像房子，既可以用来居住，又可以出租获得租金，甚至通过变卖房产而大赚一笔。

（5）其他

第一，购买自用性资产也会带来负债，也就是自用性负债。比如，购买房产、汽车的抵押贷款的余额。

第二，投资性负债，是扩张信用借钱来投入投资性资产的借款余额。比如，在购买房产时，向他人借钱，此时的借钱应该算为投资性负债。

家庭消费与储蓄

家庭消费和储蓄，在一定程度上是此消彼长的关系。当家庭消费过高时，家庭储蓄会相对减少，反之则上升。家庭消费与储蓄也是家庭现金管理很重要的一部分，为了做好家庭现金管理，家庭要将消费控制在合理的范围内，又能设置收益最大化的储蓄方式。

1. 家庭消费

家庭消费管理在家庭现金管理中发挥着重要的作用，家庭中一切与消费有关的活动都属于家庭消费范畴。家庭消费主要包括：物质生活消费、文化生活消费、劳务消费等。

（1）家庭消费的影响因素

➢ 经济发展水平。从宏观上来说，家庭消费水平受国家经济发展水平制约。当国家经济发展水平高时，消费水平就高。近年来，国家综合实力上升，经济发展较快，中产阶层具备了较强的消费能力。

➢ 收入水平。家庭总的收入水平对家庭消费产生直接的影响。一般来说，只有当家庭收入水平高时，消费水平也较高；反之，则消费水平低。

➢ 劳动力。家庭成员中劳动力的数量对消费水平也有影响。一般来说，家庭成员中劳动力的数量越多，赚钱能力越强，家庭的消费水平就越高。反之，家庭成员中劳动力数量越少，非劳动人口越多，如还在上学的孩子，年迈的父母，家庭消费水平就越低。

➢ 风俗习惯。风俗习惯不同，也会产生不同的消费习惯和行为，直接影响家庭的日常消费。特别是一些文化习惯，更有可能成为某些特定场合消费的关键性因素。

（2）家庭消费模式

家庭消费模式大致有三种类型：收大于支的消费模式、支大于出的消费模式、收支相抵的消费模式。

➢ 收大于支的消费模式。当收入大于支出时，家庭不但达到了财务安全的目标，在一定程度上实现了家庭财务自由，而且家庭还有一定结余的资产可用于投资。如果投资得当，那么家庭会获得更多的收益。另外，当家庭收入大于支出时，家庭经济负担较轻，能追求更高的消费水平。

➢ 收小于支的消费模式。当收入小于支出时，此时需动用家庭原有的财富积累来填补缺口。家庭背负着一定的经济压力，消费水平较低。如果家庭不能改变这种消费模式，那么家庭可能陷入财务危机。

➢ 收支相抵的消费模式。当家庭收入大致等于收入时，那么家庭没有多余的钱用来投资，甚至如果分配不当，很容易陷入收入小于支出的窘境。如果家庭在前期没有一定的投资，按照这种消费模式，很难实现财务自由。

后两种家庭消费模式都不利于家庭的发展，家庭在消费时要树立正确的消费观念，合理安排消费支出，从而保持良好的家庭财务状况，规避财务问题。

2. 家庭储蓄

家庭储蓄是指家庭的可支配收入减去用于现期消费支出后的余额。家庭储蓄主要分为两大类。一类是生活储蓄，即收入减去生活支出；另一类则是理财储蓄，即理财收入减去理财支出。

（1）影响家庭储蓄的因素

➢ 收入水平。家庭收入是储蓄的来源，收入水平是影响家庭储蓄的重要因素。一般来说，家庭储蓄与收入水平成正比，即家庭收入水平越高，家庭储蓄就越多。

➢ 消费支出。消费支出与家庭储蓄有着直接的关系。当家庭消费较大时，相应家庭储蓄就会减少。比如，家庭准备买房买车时，很可能花费家庭绝大部分积蓄。

➢ 风俗习惯。家庭储蓄一般还受到风俗习惯的影响。例如，相对于城市来说，农村对储蓄的重视偏高。

➢ 金融市场、存款利率。如果一个国家金融市场完善发达，那么相应地，储蓄水平就高。而且如果政府提高存款利率，那么会有更多的家庭愿意将钱储蓄起来，提高收益。

（2）家庭储蓄的原因

➢ 存钱是一种享受。对于大部分的中国家庭来说，存钱就相当于累积安全感。他们把存钱当成一种享受，甚至出于本能。

➢ 储蓄现金以备不时之需。几乎每个家庭都有这种为紧急突发情况提前储备资金的意识。例如，为了在家人生病时能够拿出大笔的医疗费用，一般都会定期储蓄现金。

➢ 为家庭成员的未来规划储蓄现金。例如，为了给孩子出国留学费用、孩子结婚、买房买车等筹集资金，做好储蓄。

➢ 投机活动。家庭不断累积积蓄是为了一些投资活动或生产经营之用。例如，家庭储备好一定的资金之后，用于购买股票、债券等投资性活动。

➢ 养老之用。中国大部分家庭储蓄都为了养老之用，甚至想把钱作为遗产留给后人。

（3）家庭储蓄的方法

家庭储蓄在中国家庭财产管理中发挥着重要的作用，家庭储蓄不仅可以帮助家庭妥善理财、积聚财富，改善家庭经济状况，还可以帮助国家缓和市场供求矛盾，稳定市场。

那么，家庭如何有效进行储蓄呢？

➢ 计划储蓄法。家庭可以根据家庭收入和支出情况，制订一个储蓄计划。例如，从家庭每月的收入中抽出一定的比例，定期存入银行，定期设为 1 年，那么这样算下来，一年就会有 12 张 1 年期的定期存款单，累积收益。

举个例子：张先生是一家公司的经理，32 岁，税后月薪 8000 元左右，妻子是一名护士，30 岁，每月税后收入 4500 元。家庭每个月除去各种开销和房贷后剩余 5000 元左右。

张先生每月拿出剩余资金中的 1500 元做一个定期存款单，定期存款单期限设为 1 年，一年下来就拥有了 12 张一年期的定期存款单，一年存储 1.8 万元。

这种 12 存单法的好处就在于：12 个月之后，每个月都会有一张存款单到期，供你备用，如果有需要的话，可以随时取用，也不会损失存款利息；如果不用，这些存单也可以自动续存。最终不仅能够灵活地使用存款，还能得到定期的存款利息。

- 目标储蓄法。为自己树立一个存钱的激励目标，如存钱买车或旅游。当有一定目标激励时，就会有存钱的欲望，并且在一定程度上控制住冲动消费。
- 节约储蓄法。首先要拿出一段时间来记账，掌握自己的消费习惯，当发现很多消费项目是不必要的时，就可以使用这种方法。在日常家庭生活中，养成节约的好习惯，小到节水节电，大到节省一些不必要的开支。将节约下来的钱存入一个专门的账户。虽然这种方法一开始实施起来比较困难，但是随着存储的金额越来越大，会产生一种成就感，并且这种成就感会促进这种储蓄方式的持续进行。
- 缓买储蓄法。当你打算购买一件贵重物品时，可以先将这笔钱临时存起来，缓一段时间再买，比如一个星期或一个月。这时有可能因为购买欲望消退，不打算购买，也有可能这件物品价格大幅下降，以较低的价格就可以购买。
- 降档储蓄法。当家庭打算购买一件贵重物品时，选择购买档次稍低一些的产品，把余下的钱存起来。

编制家庭现金流量表

现金流是指企业在一定会计期间按照现金收付实现制，通过一定经济活动（包括经营活动、投资活动、筹资活动和非经常性项目）而产生的现金流入、现金流出及其总量情况的总称，即企业一定时期的现金和现金等价物的流入和流出的数量。

在家庭层面，现金流是指从家庭的现金流入、现金流出等角度进行考察，并对当前或未来一定时期内，做好规划、控制、分析和评价，以实现家庭的财务自由。管理好现金流的作用就是保持家庭财务平衡，提高生活质量。

家庭现金流量表，是反映家庭在一定时期内现金和现金等价物流入和流出的报表，它以现金或现金等价物的流入和流出反映家庭在这个时期内的筹资活动、消费活动、投资活动，从而对家庭整体财务状况作出客观评价，并预测未来家庭现金流量。如果说现金是“血液”，那么现金流量表就是“验血报告”，家庭经济的好坏能够从这份报告中看出端倪。

因此，为合理编制家庭现金流量表，需要了解以下三个主要因素：

（1）收入

收入指的是家庭的税后收入，因为只有税后收入才是家庭真正可以支配的收入。家庭现金流入主要是指家庭增减的现金收入额或现金支出节约额，主要包括以下四大方面的现金流入。

- 经常性现金流入：工资、奖金、年终奖、养老金及其他经常性收入，通常较为稳定，是由家庭成员创造的财富价值。
- 补偿性现金流入：如保险赔付、拆迁款，一般流入金额较大，但次数不多。

➢ 投资性现金流入：也称为理财收入，如分红利息、股息、股利、租金、收藏品增值等，主要是指家庭投资后所获取的收益。

➢ 其他收入：如馈赠、遗产继承、中彩票等偶然收入。

（2）支出

支出指的是现金的支付，家庭现金流出是指家庭支付的现金费用，主要包括以下四方面。

➢ 日常开销：包括衣食住行、文化娱乐等费用。

➢ 大宗消费支出：买房、买车、子女教育费用等。

➢ 意外支出：是指家庭在发生意外、疾病或人情往来时所支出的费用。

➢ 弹性支出：除去以上3种开支外，还需要一定的弹性支出。即考虑到一些有潜在需要的支出，如旅游、投资支出等。

（3）结余比率

结余则是家庭收入减去家庭支出后所剩下的余额。结余比率是指家庭在一定时期内结余和收入的比值。这个比值反映了这个家庭控制支出的能力和储蓄意识。

小王家在2017年12月的现金流入流出情况如下：首先是核算现金流入，其中家庭税后工资收入2.6万元，兼职收入8000元；房租收入1.8万元，P2P理财收入1.2万元，基金收入0.5万元。

家庭现金支出情况是房贷和车贷共计1.5万元，信用贷款利息4600元，子女教育费用2万元，保姆费用6000元，日常生活开支3000元，汽车费用1000元。

从小王的家庭现金流入来看，12月现金收入达到6.9万元，现金流入情况良好。从现金流出来看，12月现金支出共计4.96万元，支出过大。本月结余1.94万元，结余比率约为0.28，一般合理的月结余比率参考数值为0.3。这反映了王先生家缺乏控制支出的能力，没有储蓄和投资的意识。

对家庭现金流动情况有了了解之后，就可以编制家庭现金流量表。在编制现金流量表时，家庭需要注意：

第一,一般现金流量表一个月编制一次，也可以编制年度家庭现金流量表。无论选择是在月底还是发工资的当天，但周期需要保持一致。

第二，房贷、车贷的还款额需要划分为本金和利息，其中利息归入现金流量表中的支出项目上，而本金则不计入。

第三，无储蓄性质的保费（如健康险、产险等）纳入支出项目，而具有储蓄性质的（如养老保险等），要把实缴保费减去当年保险现值增加额所得的费用计入支出。

家庭编制家庭流量表，大体需要三个步骤。

1. 确认家庭所有的现金来源

编制家庭现金流量表首先要确认家庭所有的现金来源，包括一定的工资性收入、财产经营现金流入、不固定的现金流入、其他现金流入等，具体情况如下表所示：

序号	项目	金额（元）
1	现金流入	
1.1	工资性现金流入	
1.1.1	工资	
1.1.2	奖金	
1.1.3	津贴	
1.1.4	其他	
1.2	财产经营现金流入	
1.2.1	租金	
1.2.2	现金股利	
1.2.3	生产经营收入	

续表

序号	项目	金额（元）
1.2.4	其他	
1.3	不固定的现金流入	
1.3.1	劳务收入	
1.3.2	创作收入	
1.3.3	问答	
1.3.4	其他	
1.4	投资收入	
1.4.1	国债利息	
1.4.2	股票利息	
1.4.3	债券利息	
1.4.4	其他	
1.5	其他现金收入	
1.5.1	退休金	
1.5.2	救济	
1.5.3	馈赠、遗产赠与	
1.5.4	其他	

2. 确认家庭所有的现金支出

编制家庭现金流量表要确认家庭所有的现金支出。其中包括日常消费支出、投资支出、偿还债务支出及其他。

序号	项目	金额（元）
2	现金流出	
2.1	日常消费支出	
2.1.1	饮食住处	

续表

序号	项目	金额（元）
2.1.2	日用品支出	
2.1.3	服装支出	
2.1.4	文化娱乐支出	
2.1.5	医疗保健支出	
2.1.6	人际交往支出	
2.1.7	其他	
2.2	投资支出	
2.2.1	购买股票支出	
2.2.2	购买债券支出	
2.2.3	购买基金支出	
2.2.4	对外房贷	
2.2.5	房地产投资	
2.2.6	其他	
2.3	偿还债务	
2.3.1	房贷	
2.3.2	车贷	
2.3.3	其他	
2.4	其他支出	

3. 计算盈余（赤字）

李先生40岁，是一家公司的经理，月收入在1.5万元左右；妻子张女士，35岁，是一家公司的会计，月收入在6000元左右，张女士平时利用闲散时间在网上写小说，每月能获得2000元的兼职收入。两人婚后育有一女，10岁，在上小学三年级。

李先生家在12月收支情况如下：李先生夫妇有两套房产，一套价值80万元的自住房，每月需还房贷4000元，另一套用于出租，每月能获得5000元的房租费用。李先生平时有投资基金和P2P理财的习惯，12月获益收入4000元；一辆价值30万元的车子，需要还车贷2000元。李先生一家每月的日常开销在5000元左右，每月孝敬父母2000元，每月需要花2000元左右来添置服饰，女儿的教育费用在2000元左右，车油、养车支出在2000元左右。同时，李先生考虑到孩子后期可能会出国留学等，每月定期投入2000元的教育基金，以备孩子出国留学之用；考虑到自己和妻子年纪越来越大，李先生每月定期投入5000元购买商业养老保险和重大疾病保险。

现金流量表			
编制：	时间：2017年12月		单位：元
收入项目	金　额	支出项目	金　额
工资收入	21000	房贷	4000
兼职收入	2000	车贷	2000
工资收入总计	23000	子女教育费用支出	2000
房租收入	5000	孝敬父母	2000
基金收入	4000	保费支出	5000
资产性收入总计	9000	教育基金定投	2000
		固定支出总计	17000
		日常开销	5000

续表

现金流量表			
编制：	时间：2017年12月		单位：元
		汽车费用	2000
		服饰支出	2000
现金流入总计	32000	现金流出总计	26000
12月现金净流量	6000		

盈余（或者赤字）就是家庭收入减去家庭支出。从李先生家的月结余来看，李先生家的财务情况较为安全，呈现出收大于支的情况。一方面，李先生家的收入来源较为丰富，既有工资收入，又有理财收入。同时，李先生一家每个月的总收入较为可观；从李先生家的支出来看，分布也较为合理，考虑到李先生一家日常生活、衣服鞋子等各种支出加在一起超过 1 万元，李先生可以相应地降低这部分支出，将更多的资金投入到孩子的教育和保险上来。值得一提的是，李先生也做好了长期的规划，如给子女存下的教育基金、夫妻两人的养老金等。

编制家庭收支预算表

很多家庭在月底的时候都会有这样一种感受：感觉没怎么消费，但每个月都结余不了多少。为了有计划地组织家庭收入和分配家庭收入，对整个家庭的开支进行调节，每个家庭都应该做好家庭收支预算，编制家庭收支预算表。

家庭收支预算表是对家庭在未来一定时期内的收入和支出的计划表，时间间隔可以是日、月、季、年。家庭收支预算表作为帮助家庭实现财务目标的一种工具，有以下几个用处：

（1）管理支出

当家庭提前做好收支预算表，在实际消费中，就可以根据支出预算进行消费，指导家庭开支，有效避免出现支出大于收入的过度消费模式。

同时，将实际消费记录与支出预算表相互比对，就能发现家庭在哪些项目上支出超标了，而在哪些方面有结余。为下一次做收支预算表提供借鉴，做出更合理的预算计划表。当然，每一次的预算计划表编制好之后，都要反思预算是否过于严格或宽松。

（2）检测流动性

如果家庭缺乏流动现金，或现金流动性出现非正常现象时，就可以使用收支预算表来检测现金的流动情况，及时调整不正常的现金流动。

（3）帮助做理财分析

家庭在理财投资之前都要对家庭财产进行分析，在此基础上设置合理的理财投资金额。通过家庭收支预算表可以随时掌握家庭财产状况，为理财分析提供判断依据。

家庭收支预算主要包括：收入预算和支出预算。其中家庭收入预算是指在一段时间内属于家庭或归家庭支配的全部收入的总和。家庭对这些收入进行预算，就是要预算这些收入的来源，组织这些收入的实现。

家庭支出预算是指在一段时间内所有家庭的所有支出，包括可控支出和不可控支出。具体来说，编制家庭收支预算表需要以下步骤：

1. 确定预算期

预算期最好和家庭收入的周期发生时间一致。在我国，中产阶级家庭一般是以工资或投资为收入来源，因此，预算期可以设置为 1 个月，如果中产阶级家庭的收入没有明确的阶段性，也可以以 1 个季度为预算期。

2. 明确编制要求

编辑家庭收支预算表需要设计预算科目，一般可以分为家庭收入预算表和家庭支出预算表。同时，预算科目的设置要根据实际预算的具体内容而定。要求简明实用，便于进行分析和管理。

家庭收入预算表和家庭支出预算表编制出来以后，需要对这两份表格进行审查，对照家庭的实际收支情况，检查预算项目是否遗漏或者出现差错，分析所编制的表格是否符合家庭编制预算的目的和要求。

3. 编制家庭收入预算表

家庭在编制家庭收支预算表时，需要全面清点家庭所有收入来源，预算收入的项目的设置应该根据家庭实际收入来源而定。一般包括家庭经营性收入、工资性收入、转移性收入和财产性收入。

家庭经营性收入是指家庭通过经常性的生产经营活动而取得的收益。一般有开店、创办公司等经营活动带来的收入。工资性收入是指就业人员通过各种途径得到的全部劳动报酬，包括所从事的主要职业、第二职业、兼职等其他劳动收入。转移性收入是指国家、社会团队、单位对居民家庭的各种转移支付和居民家庭之间的收入转移。一般包括退休金、失业救济金、赔偿、保险索赔、住房公积金等。财产性收入是指家庭拥有的动产（如银行存款、证券等）和不动产（如房屋、车辆、艺术品等）所获得的收入。包括出让财产使用权所获得的利息、租金、专利收入；财产营运所获得的红利收入、财产增值收益等。

具体如下表所示：

家庭收入预算表

编制时间：　　　　编制人：　　　　单位：元

	项目		预算收入金额	实际收入金额	备注
1	工资性收入	月薪			
2		奖金			
3		兼职			
4		其他			

续表

	项目		预算收入金额	实际收入金额	备注
5	转移性收入	养老金			
6		失业救济金			
7		赔偿			
8		住房公积金			
9		保险索赔			
10		其他			
11	经营性收入	开店			
12		企业利润			
13		其他			
14	财产性收入	储蓄利息			
15		入股分红			
16		债券利息			
17		房租			
18		其他			
19	总计				

4. 编制家庭支出预算表

家庭支出预算包括固定支出和非固定支出。其中固定支出在一定时期内支出数额基本不变，而且这笔支出无法省略。一般包括房租、水电费、煤气费、通信费、赡养费、子女学费等费用。而非固定支出弹性较大，支出项目可有可无、支出金额可大可小。一般包括食品费、置装费、日用品费、美容、医药费、娱乐交际等费用。

在制定家庭月支出预算表时，一般可以将预算项目划分得比较细致，在制定家庭年支出预算表时，可以对家庭一些大目标进行计划，比如将购买家具家电、装修房屋、旅行等费用列入预算表中。

编制家庭支出预算表的目的是帮助家庭掌握消费情况，避免不必要的消费。也是家庭进行财产管理的基础。但是家庭支出预算表要宽紧适宜，太宽松，起不到节约的作用，控制太紧，会影响正常的家庭生活。

家庭年支出预算表如下表所示：

家庭年度支出预算表（单位：元）													
项目		1	2	3	4	5	6	7	8	9	10	11	12
固定支出	房租												
	水电费												
	煤气费												
	通信费												
	赡养费												
	子女学费												
	其他												
非固定支出	食品费												
	置装费												
	日用品费用												
	美容费用												
	医疗费												
	娱乐交际费												
	其他												
其他支出	装修												
	购买家具												
	购买家电												
	旅游												
	其他												
总计													

家庭月支出预算表如下表：

项目		预计支出（元）	实际支出（元）	结余（元）	备注
固定支出	房租、房贷				
	水电费				
	煤气费				
	通信费				
	赡养费				
	子女学费				
	其他				
非固定支出	食品费				
	置装费				
	日用品费用				
	美容费用				
	医疗费				
	娱乐交际费				
	其他				
其他支出					

王先生，高校教师，税后月薪在1.5万元，妻子张太太，高中教师，税后月薪7000元。两人育有一儿子，现在就读初中一年级。王先生家现在有一套住房，没有车子。住房是他们几年前贷款购买的，每月需要还贷款3480元，但王先生夫妻的公积金足够还房贷。

王先生夫妻除了工资以外没有其他收入来源。王先生家在7月的家庭开支太大，几乎花掉了7月收入的一大半。夫妻俩决定从8月开始，编制家庭月度支出预算表。

王先生和太太商量了一晚上，最后两人把8月的支出预算定在9000元。各项预算如下：由于8月天气炎热，水电费预算在250元，煤气费 50 元，夫妻两人的通信费控制在 200 元，给双方父母的养老费预算一共是 3000 元。暑假打算给孩子报辅导班，大概需要 2000 元的报名费。本月的伙食费控制在 1500 元，医疗费用预计是 1000 元。由于正处假期，夫妻俩几乎没什么应酬，打算带孩子在省内景点玩几天，大概需要 1000 元。

王先生和妻子设置好 8 月的家庭支出预算，同时记录了家庭的实际支出，如下表：

项目		预计支出（元）	实际支出（元）	结余（元）	备注
固定支出	房租、房贷	3480	3480	0	公积金还贷，不列入支出
	水电费	250	220	30	
	煤气费	50	60	-10	
	通信费	200	160	40	
	赡养费	3000	3000	0	
	子女学费	2000	2500	-500	
	其他	0	0	0	
非固定支出	食品费	1500	1200	300	
	置装费	0	500	-500	
	日用品费用	0	250	-250	
	美容费用	0	0	0	
	医疗费	1000	0	1000	
	娱乐交际费	0	0	0	
	旅游	1000	2100	-1100	

王先生是从月支出预算的角度对家庭支出情况进行规划的。根据王先生设定的月支出预算，编制了如上所示的家庭月支出预算表。王先生的月支出预算设置得比较合理、全面。

从上表的家庭月支出预算表来看，王先生家不管是固定支出还是非固定支出，都存在超支现象。如果王先生还想进一步节省家庭开支，那么最好的做法就是，在月支出预算的基础上细化出日支出预算。这样一方面能够将月支出预算落到实处，另一方面细化出的日支出预算更能对实际生活支出起到指导作用，有效防止冲动消费。

短期家庭现金管理工具

短期现金管理具有流动性强，但收益低的特点。在日常生活中，家庭一方面希望通过现金及现金等价物等支付日常生活各种消费，另一方面又希望能将这些金钱利用起来，产生收益。这时，家庭就需要使用现金管理工具，帮助家庭有效地提升投资收益。现金管理工具是指没有固定投资期限或者投资期限在 1 年以内，结构设计简单、安全性高的金融产品。

家庭现金管理工具一般分为两大类：短期现金管理工具和长期现金管理工具。其中短期现金管理工具时间一般为 1 年左右，而长期现金管理工具一般为 3 ~ 5 年，甚至 10 年之久。本节介绍短期现金管理工具。

家庭在短期现金消费时，会频繁发生交易行为，因此要充分保证现金的流动性。而流动性和收益性成反比，要想保证流动性就要相应地降低收益性。一般来说，短期现金管理工具则是以稳健、流动性高、方便为主。一般有以下几种工具可选择：

1. 银行存款

银行存款具有流动性好、安全性高，但收益低的特点。它又分为以下几种形式。

（1）活期存款

活期存款是一种不限存期、无须任何事先通知，能随时存取、转让的银行存款方式。具有方便快捷、安全性和流动性强、利率低的特点，主要用于支付日常生活开支，如交水电费等。大多数家庭都选择使用这种现金管理工具。

（2）通知存款

通知存款是一种不固定期限，一次性存入、可多次支取，支取时需提前通知银行、约定支取日期和金额方能支取的存款方式。

人民币通知存款最低起存金额 5 万元、单位最低起存金额 50 万元，个人最低支取金额 5 万元、单位最低支取金额 10 万元。外币最低起存金额为 1000 美元等值外币。通知存款的提前通知时间有两种，即一天存款期和七天存款期。

通知存款比活期存款的利率要高一点，但总体来说，利息也还是很低的，存款门槛也较高，一般家庭不常选择此种现金管理工具。

（3）定期存款

定期存款是指在存款时就约定存储期限，一次或分次将现金存入银行。定期存款按照存取方式一般分为整存整取定期储蓄、零存整取定期储蓄、存本取息定期储蓄等方式。

定期出款期限一般存期分为 3 个月、6 个月、1 年、2 年、3 年和 5 年等，50 元起存，不设上限。定期存款比活期存款、通知存款的利息要高，这是家庭较多采用的存款方式。

（4）短期自动转存

短期自动转存，是指如果你刚好手头有一笔闲置资金，目前无须动用这笔资金，但又不太确定何时要用，不敢存定期，那么这时候你就可以选择短期自动存款的方式管理这笔资金。

举个简单的例子：你现在手头有 10 万元的现金办理了银行短期自动转存业务，你先存银行 4 个月，如果以基准利率 1.1% 来计算的话，那么 4 个月后，你可以拿到 366.6 元的利息。如果在 4 个月后，你还是没用到这笔钱，你就可以继续连本带利转存。因此这种方式也被叫作“利滚利”存钱法。而且这种存钱方式还有一个好处：如果到期后，遇到利率上调，可以先取出来后再存。一般工薪家庭会采取这种存钱方式。

（5）阶梯存款法

阶梯存款法就是将钱分成几等份，然后将每一份存成不同的年期。这样既控制家庭的支出，又满足家庭生活需求，还能相应地提高最终收益。这种存款方式比较适合大笔现金的存储。

王先生将5万元现金分成五等份，每一份存定的期限不一样，分别为1年期、2年期、3年期、4年期、5年期。1年期的到期后，可以重新存为5年期的1万元存单，2年期的到期后也同样可以存为5年期的存单。依此类推，5年后，最后一个5年期到期1万元的存单也改成了5年期。如此，以后每年都有一份5年期的存单到期，当年如果需要资金，有到期存单可以调用，无须这笔资金，可以继续转存，获得更多的利息。

2. 银行短期理财产品

银行短期理财产品，一般指的是投资于市场信用级别较高、风险低、流动性较好的金融市场工具。一般期限不超过1个月，5万元起投，当前的收益率范围以3%~5%为主。投资稳健，基本可以做到保本或类似保本，同时收益率也大幅高于活期存款的收益率。

在金融市场上，目前许多银行推出了超短期的理财产品，具有代表性的有：招商银行的“手机日日盈”，主要针对资金流动性要求高的投资者；工商银行的“灵通快线”，主要针对希望提高闲置资金利用效率和收益水平的投资者。其中招商银行的“手机日日盈”的预期年化收益率在4%左右，收益高于大部分的货币基金，风险也比货币基金略大，投资者可以在周一至周五交易时间内进行申购或赎回。另外，“手机日日盈”理财产品的购买起点为5万元，仅能通过手机银行购买；工商银行的“灵通快线”比活期存款的利息要高一些，是一款流动性高、没有固定期限的非保本浮动收益型理财产品，投资者需要登录手机银行、网上银行等渠道进行购买。

3. 货币基金

货币基金限定在现金类配置范围，既追求本金的安全性，又追求基金收益的稳定性。货币基金具有高安全性、流动性好、稳定收益性的特点。家庭可以随时免费申购，收益比银行活期存款要高，市场收益率一般在4%左右，是不错的短期现金管理工具，面对市场众多的货币基金，可以通过以下判断方法进行选择：

（1）本金安全比收益

先关注本金的稳定性，再追求收益的大小。例如，货币基金界的“扛把子”嘉实货币，就以高收益性著称。

（2）依据资金实力判断

货币基金一般有两类：第一类，投资门槛较低，通常1000元左右就能实现投资行为。适合普通家庭投资；第二类，门槛较高，通常需要百万元才能投资。

（3）投资转换率高

货币基金的转换便利性也为家庭选择这种现金管理工具提供保障。基金公司能够为投资者提供转换的选择，而转换率是由股市市场决定的。当股市行情好时，家庭可以将货币基金转换成股票型基金，提高收益；而股市低迷时，家庭又可以持有基金避险，获得一定的收益。这种转换功能也是银行存款所不能匹敌的。

4. 网络现金类理财产品

日常生活中，人们出于快捷方便等方面的原因，越来越多的家庭选择网络理财产品，如上面提高的招商银行的“手机日日盈”、工商银行的“灵通快线”、支付宝的“余额宝”等，这些网络现金管理工具成为家庭的热选，尤其家庭中的年轻成员，更愿意将钱放到余额宝等网络理财产品中，获得收益。据报告显示，余额宝的用户有 1 亿以上，即中国每 13 个人就有一个余额宝用户，余额宝的魅力可见一斑。还有一种特别的现金理财产品，即 P2P 理财产品，它主要是利用互联网网络平台对接借贷双方，帮助银行延伸服务范围，覆盖银行难以服务到的个人贷款范围，提供 1 万元～ 50 万元不等的信用贷款，是当下较为火爆的家庭理财产品之一。

中长期家庭现金管理工具

中长期现金管理的特点是远期、大额、强制和不确定性，使得中长期现金管理工具要具备维持现金稳定和平衡的功能。中长期家庭现金管理工具一般为 3 ～ 5 年，甚至时间更长，因此现金管理工具也会相应地有一定区别。本节主要讲述具有代表性的两种中长期现金管理工具，即基金定投和年金保险。

1. 基金定投

基金定投是定期定额投资基金的简称，也被称为“懒人理财”。是指在固定的时间（如每月 8 日）以固定的金额（如 500 元）投资到指定的开放式基金中，类似于银行的零存整取方式。人们平常所说的基金主要是指证券投资基金。一般投资年限在 3 ～ 5 年，类似于长期储蓄，能积累资金，产生“复利”的效果。这种投资收益比较稳健，流动性一般，有一定的风险，但风险可控。

这种现金管理方式适合追求波动性较低、中长线稳定增值投资理财的家庭投资者。家庭在选择基金定投时，需要做好如下准备：

（1）计算出闲置资金

家庭要留出日常开销费用、家庭紧急备用金和一定的投资基金，那么此时将家庭月收入减去以上三项内容，就是闲置资金了。例如，王先生和妻子每月税后到手的实际收入一共 12000 元，其中每月日常开支需要 3000 元，预防意外的预备金为 3000 元，投资的资金在 3000 元，那么此时的闲置资金为 3000 元。

（2）选择适合的定投周期

家庭在选择投资周期的时候，可以根据自己对金融市场的判断和投资喜好来进行选择。一般来说，理性的投资者定投的资金较少，但周期较长，一般周期在 3 ~ 6 年。因为长期可以累积大量的廉价筹码，而且这种行为也较为安全和稳健。

（3）设定定期定投时限

家庭在选择好定投周期之后，接着就需要计划自己定期定投的间隔时长，一般来说，可以选择每周定投、每月定投或其他方式，具体还要根据家庭喜欢的投资方式来选择。

（4）选择合适的基金来定投

风险承受能力大的家庭，可以考虑股票型基金与增强型指数基金来构建组合定投；风险承受能力较弱的家庭可以选择指数基金和债券基金来构建组合定投。

2. 年金保险

年金保险是指投保人一次或者分期缴纳保险费，以被保险人的生存作为条件，按照一定的年限（如年、半年、季、月）支付保险金，直至保险合同期满或被保险人死亡。年金保险的流动性较差、收益也不高，但是风险较低、稳定性强。

（1）年金保险的特征

- 时间跨度大。年金保险从购买到领取，可以间隔 10 年、20 年甚至更长时间。因此产品现金价值较低，需要很长时间才能返本。
- 多种领取方式。年金保险有定额、定时、一次性取完三种方式。其中定时领取在约定的时间领取；定额领取则是在单位时间确定领取额度。

（2）主要类型

按照付保险金的限期不同，一般把年金保险分为定期年金保险和联合年金保险。

①定期年金保险是指投保人在合同期限内缴纳保险费，保险人以被保险人在合同规定的期限内生存为条件，承担给付保险金的责任，规定的期限届满或被保险人死亡，保险终止。例如，女子教育金保险就是典型的定期年金保险。父母作为投保人，提前为子女缴纳教育金保险，留作孩子读大学或者出国留学之用，按期领取，直至大学毕业。

张先生，30岁，在一家私企任职，月薪到手2万元左右。妻子叶女士，28岁，是一名玩具设计师，月薪到手6000元左右。两人婚后育有一子，2岁。

为了保证退休以后的生活水平，张先生为家庭选取了定期年金保险的方式，每月往账户里面打4680元左右，打算交15年。那么张先生能享受的福利有：在33～59岁，每年领取5000元生存保险金；60～84岁，每年领取3万元养老保险金；如果85岁不幸身亡，那么张先生能够获得身故保险金84万元左右。

年金保险的优势在于它通过强制储蓄的方式，让家庭能够做好家庭保障工作，缓解了家庭在未来生活的压力。同时，年金保险的增值功能在一定程度上能够抵制如通货膨胀等风险。另外，年金保险还有反向计算的功能。比如，家庭预计退休后的生活水平，可以计算出自己要缴纳的额度和期限，能准确地做好规划。

②联合年金保险，从百度百科给出的解释来看，是指被保险人有两个或两个以上且年金给付持续到最后一个人死亡为止的年金保险。年金保险是预防被保险人因寿命过长而可能丧失收入来源或耗尽积蓄而进行的经济储备。联合年金保险的优势在于如果一个人的寿命超过了预期寿命，那么他就可以获得额外支付，而支付他超过预期寿命的资金来源于那些没有活

到预期寿命的人。总而言之，联合年金保险适合长寿者。

一般来说，联合年金保险有两种基本形式：一种是联合生存年金，是指合同中指明的两个或两个以上的人在共同的生存条件下提供规定金额的年金，如果其中一个被保险人死亡，就可以停止给付年金。相对而言，此种年金保险的价格较低。另一种叫联合和最后生存者年金，是指只要两个或两个以上的人中还有一个人生存继续给付年金，直到最后一个生存者死亡才停止给付。它适合一对夫妇和家庭中有一永久残废人购买。

第四章
家庭债务管理

家庭产生债务并非都是不利的。如果通过债务管理，将家庭债务控制在合理范围内，做好良性负债，反而对提高家庭的生活水平、形成良好的家庭财务状况有益。

什么是负债

时代在迅速发展，人们消费观念也发生了明显的变化，由过去的“舍不得吃舍不得穿”到现在的“贷款”买各种产品。这种消费观念的改变表现出人们的购买欲望在增强，消费的心态变得更开放，消费心理也趋向享受型，往往人们过度消费导致了“背债”现象的发生。在这个过程中也产生了一个经济名词——负债。

1. 负债的含义

负债，是个人或家庭因为过去的某种交易或事情形成的，预期将来必须偿还的经济债务。负债对于家庭来说，是“拿明天的钱，圆今天的梦”。

2. 负债的特点

➢ 在未来用资产或其他方式来偿付的确实存在的债务。

➢ 能够用货币确切地计量或合理地估计的债务责任。

➢ 是由过去或现在已经完成的经济活动所形成的现时债务责任。

➢ 有确切的债权人和偿付日期。

3. 负债的两大分类

负债分为两大类：流动负债，也被称为短期负债；非流动性负债，也被称为长期负债。

（1）流动负债

家庭流动负债是指一个月内到期的负债，如水电费、煤气费、电话费等。主要分为以下几种：

➢ 信用卡。信用卡允许“先消费，后还款”，是最常见的短期负债。

比如，人们超过自己的购买能力购买奢侈品，透支信用卡超前消费。

- 个人、家庭借款。通常情况下是生活中遇到意外情况或者重大的事情，急需用钱，所以向外界借款。
- 医疗负债。医疗欠费也是比较常见的负债。一旦有家庭成员患上重大疾病，对于多数家庭而言，其医疗费用都比较难以承担，因此也会导致医疗欠费。
- 分期付款。分期付款是买方对所购的商品在一定时期内分期向卖方交付货款。这种消费方式虽然能够购买到消费水平以外的产品，但并未减少消费负债，只是把负债均摊了，适当减轻了消费压力。

（2）非流动负债

非流动负债是指偿还期在一年或者超过一年以上的债务，也被称为长期负债。家庭的非流动负债主要表现为所欠的房贷、车贷等。

- 房贷。房贷几乎是最常见的长期负债，是很多家庭都会面临的一种长期负债。现如今房价飙升，大多数家庭都要靠贷款才能购买房产，然后背负长达十几年甚至几十年的还款压力。
- 车贷。车贷相对于房贷来说比较小，因为价格没有房价高，而且价格不会出现大幅上涨。车子已经成了人们的生活必需品，所以贷款买车的人也越来越多，这方面的负债自然随之增加。
- 创业贷款。为了能够改善家庭条件或实现理想，越来越多的家庭选择了创业。但由于缺乏充足的创业资金，于是大多数人选择了贷款创业，这也成了当下家庭一项长期负债。
- 教育贷款。一般教育贷款是指父母为了让孩子获得继续教育的机会，向银行贷取满足就学资金需求的款项。家庭其他成员在工作之后，也有可能会向银行贷款，继续深造。
- 其他贷款。除了上面几种常见的，根据每个家庭的需求，还会存在其他中长期负债。

4. 负债的原因

一般来说，负债有以下四种主要原因：贷款消费、生意失败、理财失败、信用卡消费。

（1）贷款消费

过度消费行为较多地产生在家庭年轻成员身上，他们有较高的购买欲望，喜欢追求时尚、名牌、新产品，而又不能理智地判定自己的购买能力。例如，当苹果手机出了最新款，很多年轻人，尤其是大学生群体，宁愿借钱也要满足自己的购买欲望。

备受争议的“校园贷”就是由于过度消费衍生的产物，“校园贷”给借贷的学生及其家庭带来了严重的后果，往往借入几千元，但利滚利迅速会累积到几万甚至十几万，给家庭带来沉重的经济压力和精神打击。对于这种类型负债，需要负债人自己监督自己的消费行为，理性消费、量力消费，克制住自己的过度消费欲望和消费方式。

（2）生意失败

这种负债行为较多地发生在家庭创办企业或投资企业之中，生意失败的原因有很多，而且一般生意失败都会产生极大的负债。对于刚创业的小型企业，负债可能只有十几万或几十万，但对于已经运营了一段时间，具有一定规模的中型企业，很可能负债高达几百万。

在创办企业和管理企业的过程中，企业负责人要准确把握市场脉搏，提高自身的业务能力，在企业发展的过程中不可冒进、急于求成。

（3）理财投资失败

投资者手里有一定的资金，希望通过投资理财实现资产升值。于是把钱放到各种资金盘中，投资股票、债券等项目。一开始，资金盘不断扩张，这时候收益在上涨并且能兑现，但是当资金盘达到了饱和状态，就会出现“异象”。而恰恰这时候是投资者投钱最多的时候，也是大多数人最容易受骗的时候，导致了大面积的负债现象。另外，投资者缺乏投资经验和投资能力，过于追求高收益，忽视投资风险，很容易造成投资失败。

对于这种类型的负债，投资者在投资的时候需要提高警惕，切忌抱着投机心理去做投资理财活动。为了避免这种负债，投资者要综合判断投资市场的风险，提高自己的风险意识和投资能力，学会“见好就收”，以免自己多年的积蓄付之东流。

（4）信用卡透支

一些家庭在使用信用卡时，一开始所透支的金额不大，还能够及时还款。但随着透支金额越来越大，还不上信用卡的欠款时，就想方设法地再办一张信用卡，不断循环，最后信用卡越来越多，欠下的债务就像滚雪球一样，越滚越多，会陷入“以卡养卡”的循环中。

对于这种类型的负债者需要警惕自己的消费行为，控制自己过度的消费欲望，当出现信用卡透支无力还款的时候，及时向朋友或家人求救。如果一味地“拆东墙补西墙”，最终会陷入危险的境地。

李先生和叶女士最近在闹离婚，原来叶女士透支了5张信用卡，现在全都无力偿还。早在2016年，叶女士办理了人生中第一张信用卡，在超前消费的心理支配下，叶女士很快就刷爆了第一张信用卡。为了能够偿还第一张信用卡的欠款，于是叶女士办理了第二张信用卡。就这样，在短短不到两年的时间内，叶女士就办了5个银行的信用卡，并且叶女士还向2家贷款公司借了钱，共计欠了40万元的债务。

叶女士就是因为过度消费信用卡，引发了债务危机，最终失去了婚姻和家庭，造成了难以挽回的经济损失和精神损失。因此，家庭在消费信用卡时，要提高警惕，切忌过度超前消费，将自己和家庭推入深渊。

家庭负债多少才合理

随着经济的发展，中国家庭财富实现了较大增长，但是现实压力也接踵而至。中国家庭出现了存款增量低于家庭贷款增量的现象，挣的钱在增多，而花钱的速度和幅度比挣钱要快得多，因此家庭会出现负债的现象。

家庭负债就是指家庭的借贷资金，包括所有家庭成员欠非家庭成员的所有债务、银行贷款、应付账单等。家庭负债对家庭的发展有着重大而深远的影响，家庭在合理的范围内负债，对家庭有益。比如，负债进行投资，增长家庭的财富；负债购买家具家电、旅游，提高家庭生活水平，拉动整个社会的消费水平，带动经济的发展。负债参加技能培训，提升个人的能力。但是不合理的负债也会给家庭造成恶果，比如，由于消费欲望过高，每月的消费金额远超过家庭的总收入，导致家庭不得不透支信用卡，一旦还款逾期，家庭将会面临还款和信用的双重危机。甚至有的家庭因负债较多，被迫向社会金融机构借款或借高利贷，这类借贷机构缺乏有效的监管，并且借贷利息远超过银行，会给家庭造成更大的债务压力，雪上加霜。因此，家庭要把负债控制在家庭能够承担的范围内。

1. 家庭负债的主要内容

一般来说，家庭负债项目主要包括以下四大内容：贷款、债务、税务、应付款等。

- 贷款：如车贷、房贷、教育贷款等各种银行贷款。一般来说，这些贷款有相同的特质，就是基本是以按揭形式还贷，即每月支付一定贷款，直至贷款还清。
- 债务：如抚养子女所背负的债务、赡养老人所背负的债务、包括夫妻双方购置的财产所背负的债务。

➢ 税务：如个人所得税、营业税等各种需要缴纳的税额。

➢ 应付款：如水电费、物业费、房租等，是短期贷款性质。

2. 资产负债率

从某种程度上来说，家庭几乎都有一定程度的负债，并非所有负债都是不利、不合理的。家庭负债是否合理一般可以通过资产负债率来判断。资产负债率就是（负债总额 / 资产总额）×100%。例如，王先生家所购房子和车子一共市值 100 万元，家庭存款 20 万元，其中家庭贷款共计 30 万元，那么此时的资产负债率是 25%。

3. 家庭负债的原则

（1）债务收益要大于债务成本

家庭在借债投资或借债从事其他经济消费活动时，要确保债务收益大于债务成本。借债投资产生的盈利大于借债成本，才能给家庭创造财富，家庭才不会背负欠债和投资亏本带来的压力。同时，家庭借债从事其他经济消费活动时，要确保这种经济活动为家庭或家庭成员带来的好处，超过因此欠债的弊端。但这种欠债的利弊无法具体量化，所以更建议以负债进行投资，而非负债消费。

（2）债务杠杆足够长，撬动的收益才会足够大

家庭在确保欠债投资产生的效益超过成本时，可以尽可能多地负债，尽可能拉长负债时间。合理利用债务杠杆的作用，为家庭带来更大的收益。

（3）债务杠杆不能断裂

债务杠杆一旦断裂，有可能所有投资化为乌有，甚至背负更多的债务。所以，增加债务杠杆的同时，要保证债务杠杆的稳定性。

4. 家庭负债的合理范围

（1）现金流

现金流是保证债务不违约、债务杠杆不断裂的必要因素。因此可将现

金流作为衡量一个家庭负债是否合理的标尺。由于家庭在不同的生命周期具有不同的收入水平、支出消费水平以及风险承受能力，因此，可以根据家庭在不同的生命周期阶段对应的现金流情况，设置合理的家庭负债。

比如，对于成长期的家庭来说，预期现金流会上升，所以尽量用足债务杠杆；对于成熟期的家庭来说，现金流比较稳定，负债可以适度放大；对于衰退期的家庭来说，由于收入减少，支出大于收入，预期现金流减少，所以应该减少负债。

对于家庭来说，只要到期现金流能够偿还到期债务，负债额度就是合理的。

（2）合理的负债率

专家建议家庭的合理负债率为 30% ~ 50%，50% 是一个警戒线。一般来说，家庭负债率最好控制在 30% 左右，此时家庭负债较为安全。家庭若是负债率达到 50% 或 50% 以上，说明家庭总资产中有一半以上都要用来还债，再加上家庭的日常生活开支和其他消费支出，这种情况下，家庭的经济压力就很大。因此，家庭在做债务管理时，需要定期计算家庭的负债率，将家庭负债控制在合理范围内。

王先生，33 岁，在一家公司做程序员，每月税后薪资 9000 元；妻子 32 岁，行政主管，每月税后工资 7000 元。两人每年的年终金一共 2.2 万元。家庭年收入在 13 万元左右。王先生家有定期存款 20 万元，活期存款 5 万元。

王先生家整体收入还不错，但是家庭消费支出也很大。首先夫妻两人购买了一套市值 130 万元的房产，共需要还贷款 80 万元，最近王先生还买了一辆 30 万元的代步车，共需要还款 18 万元，家庭每月的生活开支和女儿的教育费用以及给父母的赡养费，一个月要支出 6500 元左右。

根据王先生一家的消费情况，王家的资产负债率约为 53%，从这个数值来看，王先生家的负债比例比较大，需要背负的经济压力较为沉重，需要做好合理的安排和计划。王先生一家可以采取基金定投的方式为女儿存储教育基金、采取年金保险的方式为家中老人包括自己购买保险，而在日常生活上，王先生一家需要缩减一些不必要的开支，采取强制存储的方式，更为理性地消费，适当地为家庭减轻一些经济压力。

家庭资产负债表：家庭债务分析

为了能将家庭负债控制在一个合理范围之内，就需要对家庭资产负债情况进行分析，制定出家庭资产负债表。家庭资产负债表包括：家庭资产、家庭负债资产、家庭净资产。

1. 家庭资产

家庭资产主要分为两大类，一是实物资产：二是金融资产。其中实物资产包括房子、车子、家具、珠宝、艺术品等；而金融资产可以分为现金及现金等价物（如活期存款、定期存款等）和其他金融资产（如股票、债券、基金等）。

2. 家庭负债资产

家庭负债主要分为两大类，长期负债和流动负债。其中长期负债包括房贷、车贷、消费贷款等；而流动负债包括信用卡、水电费、租金、保险金等。

家庭总资产和总负债表			
资产项		负债项	
实物资产	房产	长期负债	房贷
	车子		车贷
	家具		消费贷款
	艺术品		其他
	其他		

续表

家庭总资产和总负债表			
资产项		负债项	
金融资产	现金	流动负债	水电费
	存款		信用卡
	股票		煤气费
	债券		资金
	基金		保险金
	其他		其他
资产总计		负债总计	

家庭总资产和总负债表是家庭财务报表中重要的报表之一，它反映的是家庭资产和负债在某一时期内的情况，有利于家庭查看在这一时期家庭负债是否合理，家庭财务情况是否良好。

3. 家庭净资产

家庭净资产是指家庭实际拥有的财富，即家庭资产减去家庭负债。如果家庭净资产是负数，说明家庭面临着资不抵债的状况。

总的来说，家庭净资产会随着家庭生命周期的增长而增加。一般情况下，家庭成熟期的净资产要比家庭成长期的净资产多，家庭资产负债率相较而言要低一些。同时，家庭可以根据家庭净资产来判断家庭财务是否安全健康，在进行长期理财规划时，家庭净资产是十分重要的参考数据。

王先生，42 岁，是一家单位的部门经理，年收入 40 万元；妻子李女士，38 岁，一家公司的财务主管，年收入 20 万元。婚后两人育有一女，12 岁。王先生家的家庭资产和负债情况如下图所示。现阶段，王先生理财目标是，希望能通过贷款买一辆价值在 50 万元左右的汽车，并准备购买养老金，还希望能送孩子去国外上大学。

家庭总资产和总负债表（单位：万元）			
资产项		负债项	
现金及活期存款	20	信用卡贷款余额	0
预存保险费	0	消费贷款	5
定期存款	0	房子贷款	120
国债	0	汽车贷款	0
企业债、基金和股票	7		
房地产	300		
汽车和家电	20		
公积金	25		
其他	20（车位）		
资产总计	392	负债总计	125
净资产		267	

首先，王先生家的家庭资产负债率约为34%，这个数据一方面反映了王先生家庭负债在合理的范围内，为良性负债。同时也从侧面反映了王先生一家不善于利用良性负债来提高生活品质。

鉴于王先生想买一辆价值50万元的汽车，这时候，王先生可以采取贷款的形式来购买汽车，首付20万元，贷款30万元，此时家庭资产负债率则约为38%，仍然在良性负债的范围内。王先生既可以实现买车的心愿，又可以通过贷款降低一定的经济压力。

其次，王先生夫妻俩没有购买任何商业保险，只是各自单位购买了社保，因此王先生需要购买一定的商业保险，如意外险等，以防家庭发生意外时，带给家庭一定的保障。

基于王先生夫妇想送孩子出国上大学，孩子离出国还有6年时间，王先生完全可以采取定期年金保险方式给孩子建立教育基金，每月定期往账户投放一定的资金。等孩子出国时，再分期或一次性取出来，不仅能够解决留学费用，还能将家庭资金合理利用起来，让资金创造价值。

最后，王先生家的固定资产率高达 90% 以上，而较为理想的固定资产率在 50%，这个数据说明王先生家的固定资产值较高，需要调整资产配置，选择能获得更大收益的投资方式，加速资金流动。这种情况下，王先生可以考虑多种投资理财组合方式，拓宽投资渠道。例如，购买年金保险、债券等，较为稳定，还能产生收益。

排除不良负债，控制良性负债

负债一般分为良性负债、中性负债、不良负债。其中良性负债是指能让负债者资产得到提升的负债方式。一般家庭资产负债率在 30% 左右，就属于良性负债的范畴。

不良负债是指家庭资产负债率达到 50% 及以上，这时候家庭背负着沉重的经济压力，严重时家庭会出现财务危机；而中性负债是指家庭的资产没有减少也没有增加，达到收支平衡，只是将未来的资金用在了现在，家庭几乎没有什么压力。

负债虽然在一定程度上能对家庭财务发展和管理起到积极的作用，但是家庭在实际操作中要控制比例和风险，做好防范，因为良性负债如果控制不当，一旦越线随时就变成了不良负债，而不良负债会给家庭带来沉重的经济压力和精神压力。因此，家庭需要排除不良负债，控制良性负债。

1. 排除不良负债

在排除不良负债之前，首先，需要了解在家庭生活中存在哪些不良负债类型。一般来说有三种不良负债的类型。其次，家庭要积极了解这三种不良负债产生的原因并及时规避，实现家庭财务安全。

（1）过度负债

这类负债是指家庭因为贷款或者其他金融活动所需缴纳的金额超过了家庭月收入的 50%，也就是说，家庭一个月的收入至少需要拿出一半来还债，其中还不包括家庭的日常开支等其他花销，因此家庭需要背负沉重的经济压力和心理压力。

最常见的过度负债就是在家庭收入不高的情况下，借钱付首付、贷款买房。尤其新成立家庭的年轻夫妻，每月需要将一笔不小的资金用于还房贷，导致的结果就是生活质量低下。当家庭遭遇失业或重大变故时，会陷入无法还款的窘迫之中。

为了防范家庭出现过度负债的情况，家庭在贷款或从事金融活动时，要对家庭的财务状况和家庭收入进行综合分析，了解家庭的负债能力。

（2）纯粹的消费型负债

这种负债的原因主要是因为过于享受生活，追求超出家庭经济能力承受范围的奢侈品，购买能力跟不上购买力。但这种消费方式除了获得别人虚无缥缈的艳羡，带来一些表面上的荣誉之外，并不能给负债者带来任何实际利益。

当人们为了“面子”好看，超出经济能力去消费的时候，就会让“里子”承受压力。很常见的例子就是，家庭在买车的时候，出于把车子当作身份和实力象征的观念，不考虑实用性，盲目购买豪华汽车。不光车子的价钱远超过家庭的实际购买能力，另外，买完车子之后还有持续消费，如维修费、车检费、过路费、汽油费等，会给家庭经济带来沉重的负担，沦为车奴。

对于这类负债，家庭要充分考虑自己的购买实力，要理性消费、量力消费。要注重购买物品的实用价值，切忌过度追求名牌。

（3）过度透支信用卡

一些家庭在日常生活中会选择使用信用卡来付款。一方面，这种付款方式给生活带来了便利，但是另一方面，这种支付行为会失去花钱的“痛感”，这种无痛感消费进一步促进更多消费行为的产生。日积月累，信用卡很容易就被透支了。更糟糕的是，一旦家庭没有在信用卡免息期间还清账款，那么一旦过了这个期限，信用卡的还款利息就变得比较高，给家庭带来财务危机，更严重的是不能及时还款，会涉嫌恶意透支信用卡而影响个人的信用，不利于家庭进行贷款或出行等活动。

因此，家庭在使用信用卡上，要注意分寸。具体有这样两种方法，一是调整信用卡额度。当信用卡使用频繁，还款及时，信用良好时，银行会相应地提升信用卡的额度。但为了保险起见，你要根据自己的实际消费能力和购买力来使用信用卡，控制信用卡的额度，切忌不小心就刷爆了，引起财务危机。二是要及时还款，当信用卡到了还款日，银行会自动提醒你还款，要注意查收信息。

2. 控制良性负债

良性负债是能给家庭带来收益的，但是家庭也需要进行合理的控制，不然良性负债也很容易恶化成不良负债，变成财务危机。良性负债一般有以下两种情况：

- 家庭每月所还的债务不超过家庭月收入的38%，而这每月需要偿还的38%债务不会给家庭带来经济压力，不会影响家庭的正常生活，并且还保有一定的生活水准。
- 能带来收益的投资负债。最常见的良性负债是投资性房贷，通过计算贷款利息和房租收益，可以做到房租收益高于贷款利息。有些家庭即便有足够的资金买房，却依然选择贷款买房，将现金投资到理财产品中，如基金、股票、债券等，那么此时的负债就可以归类到良性负债中。

良性负债是适度负债，需要谨慎评估家庭的偿还能力和风险承受能力，要在家庭承受的范围之内理性借贷。控制良性负债，最重要的两个方面：一是控制好比例，二是控制好风险。

- 控制好比例。一般来说，当家庭资产的负债率低于50%，负债金额低于家庭收入的1/3时，此时家庭财务是安全的。而如果家庭的负债比例高，家庭就要承担经济风险，甚至会危及家庭正常生活。要想保持良好的负债，那么家庭就需要合理地抑制消费并记录好自己的消费支出、请家庭成员帮忙监督，一定要将家庭负债率控制在合理的比例。
- 控制好风险。投资负债能为家庭带来收益，但投资有风险。没有做好全面的判断和风险分析，家庭不要孤注一掷地投资自己不熟悉但风险高的理财项目，“捡了芝麻丢了西瓜”的行为会让家庭背负本不需要背负的债务。尤其对于不会打理财务，缺乏理财知识和头脑的家庭来说，切忌盲目跟风投资。

制订个人及家庭的消债计划

当家庭负债累累时，不仅要背负着沉重的经济压力，还严重影响家庭成员的身体健康和生活质量。因此，个人和家庭需要积极地制订合理的消债计划，并持之以恒地付诸行动，会相应地减轻家庭压力和负担，让生活步入正轨。

1. 急事先办，急事急办

当个人或家庭同时背负几种欠款，面临沉重的债务时，要设置好合理的还款顺序。例如，欠了金融机构、信用卡、亲戚朋友的钱。这时候，虽然这几个方面的欠款需要偿还，但还是要在其中设置一个合理的还款顺序。

首先，如果这些款项都不着急还，可以先把还款利息高、还款日期近的债务先还。另外，如果欠了银行贷款，而又到了还款日期，为了不背上不良的信用记录，个人或家庭也可先还这笔贷款。其次，如果这些款项有些必须马上还，有些可以延迟偿还，比如，亲戚朋友不急于用钱，所欠款项他们同意延迟偿还，那么可以先偿还需要紧急还款的欠款。

2. 最大限度地提高还款金额

个人或家庭想要达到消债的目的，就要坚定积极还款的信念。因为只有消债的念头，而无实际行动，或者虽然在消债，但同时又不加节制地花钱，持续欠债，那么还清债务定是遥遥无期。

因此，个人或家庭要有一份正常的工作，每月都能获得稳定的收入，并在不影响正常生活的前提下，最大限度地提高还款金额。这就需要个人和家庭在日常生活中，做到开源节流。

例如，如果你月收入 5000 元，计划每月最高还款额是 2500 元。那么每个月可以按照最高还款额还款 2500 元，如果剩下的 2500 元只能满足生活的最低需求，无法保证生活品质，那么你可以通过其他渠道，如兼职等方式增加一定的收入。

3. 选出列表中利息最高的债务

个人和家庭在消债时，除了考虑到还款日期的问题，还需要考虑利息的问题。利息高的债务越迟还款，产生的利息越高，越不利于还款。因此个人和家庭要制定出还债清单，列出自己所需偿还的债务，包括金额、利息、还款日期、最低支付额，并做好还款计划，尽量优先偿还利息高的债务。当家庭偿还了利息最高的债务时，个人或家庭减轻了一定的负担。再接再厉，偿还第二笔利息较高的债务，直至债务还清为止。

4. 选择稳健的投资方式

个人和家庭在实行消债计划时，还要学会创收。以提高收入来消债的方式更为可取，因为提高收入能够加快消债的速度，同时提高收入的过程中还提高了创造财富的能力。

为了提高收入，个人和家庭可以选择较为稳健的投资理财产品，增加家庭收益，为家庭减轻一定的财务压力。如果家庭需要偿还的债务较多，那么需要保证资金的安全性和增长点收益。因此选择的投资组合方式要较为保守，例如，可以选择这样的组合方式：储蓄、保险所占的比重要较大，约为 70%，债券投资约为 20%，其他的风险投资在 10% 左右，这样的投资方式保证了个人或家庭财产的安全，即便投资失败，也不会有太大的影响。

如何规避债务逾期

债务逾期，是指没有在规定的时间内归还的现金、债券。这个词语的使用范围较多地发生在银行和国家借贷中。对于家庭来说，债务逾期是一种危险的行为，不仅对银行等其他金融机构造成一定的负担和压力，而且给家庭带来严重不良的结果，家庭要高度重视并警惕。

1. 债务逾期的危害

（1）产生不良的信用记录，影响后续的经济行为

一旦债务逾期，银行或其他金融机构中就会留下不良的信用记录，对债务逾期的欠债人员，银行或金融机构会采取一定的强制还款措施。因此，家庭不能存在侥幸心理，认为自己的债务逾期不会被银行所察觉。

不良信用记录一旦产生，将会在未来 3 ~ 7 年内被保留下来。直接导致的结果就是，无法继续向银行或金融机构借钱。所产生的恶劣后果还不止于此，如果逾期情节严重，会被归类到恶意逾期行为，那么在今后，家庭想要办房贷、车贷等其他贷款，甚至是坐飞机、住酒店都会受到严重的影响。因此家庭必须及时还款，重视信用记录，因为丧失信用是金钱也无法弥补的无形资产的损失。

（2）利率提高，背负经济损失

一般来说，银行贷款产生的利息比其他金融机构的利息要少一点。但是如果债务逾期，那么贷款机构也会上调利息，作为逾期不还贷款的惩罚。那么家庭不仅需要背负信用不良的精神损失，还会加重还款压力。每个银行的惩罚力度不同，有的银行不仅提高逾期利息，家庭筹集到资金还款时，还需要支付一大笔违约金作为补偿，得不偿失。

（3）祸及子女

情节严重的债务逾期，家庭在以后的贷款活动中不仅享受不到贷款优惠，甚至会失去贷款申请资格。如果是恶意债务逾期，那么贷款人的名字会被各银行拉入黑名单，成为臭名昭著的“老赖”。这种逾期行为也会危及下一代，子女有可能因为长辈的恶意债务逾期而无法申请到助学贷款等。

如果连续逾期超过 90 天，那么银行会在媒体上公布贷款人的身份证号码、逾期信息等。欠款人不仅自己丧失了信誉和名誉，而且给自己的后代树立了不好的榜样，对他们的名誉也造成了不良影响。

债务逾期对家庭有着重大的影响，不仅会被银行列入“失信”黑名单，严重影响个人信誉，还会殃及子女。债务逾期对家庭的危害比想象中的要严重很多，家庭要认识到债务逾期的恶果，对他人和家庭肩负起责任，免得祸及他人或家庭。

李先生和妻子因生意投资失败，从 2016 年就开始欠款，多次遭到债主催债，同时还欠了银行很多贷款，被银行多次提醒之后，李先生还是没有还款行动，被列入了银行的“失信”名单。由于一直讨债无果，于是债主将李先生夫妇告到了法院。法院判决生效后，多次催讨，李先生夫妇还是没能偿还债务。

今年，法院接到债主举报：李先生夫妇的小儿子在一所著名私立学校就读，每年光学费就要花 10 万元左右，法院了解并证实到这一情况，立即执行了相关法律法规。不久后，李先生夫妇就接到学校的通知，由于他们被列入了“失信”名单，因此，他们的孩子无法在这所学校就读。

不光如此，李先生夫妇的“失信”行为还导致大女儿考取公务员也受到了影响，法院有相关规定，如果父母被纳入了全国“失信”黑名单，子女考公务员将影响录取资格。

在这个案例中，因为李先生没有及时还款，不仅自己被列入“征信”黑名单，甚至连累到自己的两个孩子。大女儿考公务员被取消资格，小儿子被私立学校劝退。所以，债务逾期对家庭的影响比较大，切忌有不还钱、恶意拖欠还款的侥幸心理。家庭要充分认识逾期的恶果，对他人和家庭肩负起责任，免得祸及他人或家庭。

（4）强制执行，法律制裁

当贷款人受到银行的控告时，银行有权依照法院的判决强制收回欠款，以扣划存款、拍卖贷款人的抵押资产等方式来补偿银行的贷款损失，包括贷款本金、贷款利息、逾期利息、违约金等相关费用，贷款人如果不同意执行或不执行的话，会受到法律的制裁。

2. 家庭规避债务逾期的方法

债务逾期会受到不同程度的经济惩罚和信用惩罚，给家庭带来难以用金钱衡量的损失和危机，因此，家庭需要及时规避债务逾期，避免损失、化解危机。那么家庭应该如何规避债务逾期呢?

（1）制订提前还款计划

家庭要有提前还款的意识，并做好提前还款计划。贷款的目的只是为解燃眉之急，所欠银行或金融机构的款项迟早都要归还，为了家庭的信用评价和利益，提前还款对于银行或金融机构，对于家庭来说都是有益无害的。

（2）牢记还款日期

如果担心忘记还款日期，那么这时候家庭就需要借用一些辅助工具，很多银行都设有信用卡 APP，贷款人可以在手机里下载一个 APP 软件，或者关注一些提醒还款的小程序，这样贷款人就可以避免因为忘记还款日期而发生债务逾期的情况。

（3）设置自动还款

如果家庭担心到了还款日期时，却忘记了还款，那么家庭可以设置一个自动还款账户，在还款之前就将所需偿还的债务转到这个账户里面，等到了还款期限，系统会自动还款。银行出于各种考虑，一般也会给贷款人 3 天的逾期还款时间，在这期间内还款仍然免息。

（4）了解补救措施

一些家庭债务逾期是因为到了还款日期忘记还款，并非恶意逾期。还有一种非恶意逾期的情况就是家庭没有钱偿还债务。此时，家庭至少保证还上最低还款额，如果真到了“山穷水尽”的时候，家庭可以采取向可靠的亲友借款的方式补上银行的贷款；或者及时向银行发出申请，延迟还款日期，并承诺承担一些因延迟还款给银行造成的经济损失。

高负债家庭的财产管理规划

2017 年 12 月 12 日，中腾信与中国家庭金融调查与研究中心联合发布《中国工薪阶层信贷发展报告》，报告中对中国家庭的信贷情况进行了研究，揭示中国工薪阶层的负债现状和发展趋势。报告显示：“现中国有超过三分之一的家庭债务收入比大于 4，其中工薪家庭占到 11.3%，非工薪家庭占到 20.2%。”这个数据表明中国现在家庭的负债现象较为严重，家庭如果控制不当，很容易引发家庭财务危机，带来沉重的经济压力和精神压力。

家庭出现高负债最主要有几种原因：第一，社会上各种借贷机构繁多，借贷越来越方便，借贷的用途又缺乏有效监督，家庭借款时就缺乏约束，不够理性。第二，家庭对当下的收入有信心和对预期收入过于乐观，敢于超前消费。第三，由于家庭成员出现较大的意外事故或重大疾病，家庭自身经济条件较差，向外界借款承担巨大的医疗费用。第四，贷款或借钱买房买车。

现如今，房子成了大多数家庭产生高负债的项目，一些中青年为了购房，除了要向银行贷款之外，还要向亲朋好友借钱。尤其是一些二线城市中被迫以各种形式欠债购房的中产阶层家庭。这类高负债家庭发生债务风险的可能性较大，一旦这些家庭的资产负债恶化，家庭就会陷入财务危机，有可能对银行部门和宏观经济部门产生负面影响。

1. 高负债家庭的特征

一般来说，高负债家庭有这样一个共同特征，就是家庭负债率在 50%及以上，也就是说，每月家庭收入至少要拿出一半来还贷，家庭经常出现入不敷出的状态，因此生活较为紧迫。

为了能降低高负债家庭的经济压力和债务风险，因此高负债家庭需要制订财务管理计划，摆脱这种困境和局面，让家庭财务状况安全健康。

李先生，32 岁，程序员，月收入 2 万元；妻子王女士，32 岁，会计，月收入 8000 元。婚后育有一子，4 岁，在本市上幼儿园。两人在城市打拼多年，积攒了一些积蓄，加上“啃老”贷款买了一套学区房。这套房子几乎花掉了夫妻俩的全部积蓄，每年光还房贷就要花 10 万元，加上平时的花销和孩子的读书费用，家庭经济压力比较大，为了能够保持正常的生活，夫妻俩常常透支信用卡，发工资之日就是还信用卡之时。而且李先生还是一个科技狂人，每每有新手机上市，就算贷款也要买回来。虽然在外人看来，这家人生活过得还不错，可只有李先生夫妇知道，卡里的存款是负的。最近，李先生远在老家的父亲忽然生病，已经入院治疗，需要大笔医疗费用。李先生夫妇这下更六神无主了，卡里没钱，也没有积蓄，每月的工资需要还贷款和信用卡，于是李先生夫妇只好向亲戚朋友们借钱，压在他们头上的债务压力就更大了。

高负债家庭有着诸多的特点，从李先生夫妇的家庭情况来看，可以总结出以下几点：

第一，房贷是压在众多家庭头上的大山，其中八成的高负债家庭基本都存在房贷现象。大多数年轻人不仅会向银行贷款，通常还会向亲戚朋友借钱买房。

第二，信用卡消费也使得家庭背上沉重的经济压力。很多年轻人追求奢侈品或高档电子品，经常透支信用卡消费。案例中的李先生也透支过信用卡买刚上市的名牌手机，常常用信用卡消费。过多的生活需求往往使得家庭入不敷出。

第三，高负债家庭还有一个特点，就是上有老下有小，孩子上学，老人生病，这些都需要钱。尤其当家庭中的老人生病住院，因为医疗而大量欠费也不胜枚举。案例中的李先生父亲，生病需要大量的治疗费用。不难看出老两口的积蓄基本都拿给小两口在大城市买房子了，所以当老人生病时，在医疗方面的花费也会让家庭背上沉重的负债压力。

第四，家庭出现高负债还有一个原因，即家庭中的夫妻因为各自的工作收入都很好，看起来能够支撑高负债的生活，但是如果家庭中的双方出现收入下降甚至面临失业的危险，家庭很容易就会被高负债拖垮。

因此，高负债家庭需要做好财务管理规划，一方面能较为妥善地处理好债务，让家庭财务安全、健康，相应地减轻一些负担；另一方面也能在负债情况下，合理安排管理好家庭财产，在资产安全的前提下实现财产的保值和增值。

2. 高负债家庭的财产管理规划

（1）盘点负债资产，建立还债账户

当家庭出现负债时，家庭要积极地盘点自家的负债项目和负债金额，弄清自己真实的负债情况。只有全面了解家庭的债务情况，才能更好地做出财产管理规划，控制好负债。

当家庭盘点清楚负债项目之后，那么高负债家庭每个月的首要目标就是确保有足够资金保证还款能持续进行。因此，家庭需要建立一个用于还债的账户，家庭成员在拿到每个月的工作收入及其他收入之后，将其中的一部分金额划到还款账户中，保证好这部分资金后，再考虑其他的资金计划。还有一点需要注意的是，家庭每月在还贷款时会产生不少利息，而利息也需要家庭来承担，因此，家庭需要提高每月还款的金额，相应地减少一些利息的支出。

（2）正确判断资产收益率

当家庭出现高负债的现象时，要对家庭资产的收益率进行判断，并对没有收益、反而产生消耗的财产做出处理。例如，汽车属于耗费品，也没有升值空间，因此，当家庭出现高负债时，可将汽车这类消耗品及时处理掉，减轻一部分经济负担。

（3）适当地选择投资理财产品

当家庭出现高负债时，也要适当进行投资。在选择投资产品之前，家庭需要分析到家庭当前的收入情况、每月既定还债的资金额度、家里的经济负担，并留足家庭紧急预备金，再去查看家庭还有多少钱可用于投资。

高负债家庭在选择投资理财产品的时候，以“稳健性”作为选择理财产品的标准。例如，选择购买年金保险、基金定投、货币基金等稳定性高的理财产品。

（4）注重家庭保障

虽然家庭背负一定的负债，能够让家庭有更充足的流动资金来投资理财获得收益，但是对于高负债家庭来说，家庭保障要让家庭踏实得多。因此，高负债家庭需要购买充足的保险、子女教育基金等，带给家庭多重保障。

张先生，31岁，程序员，每月税后工资1万元左右。妻子，28岁，企业行政主管，每月税后工资7000元，加上两人的年终奖，家庭年收入在22万元左右。两人有一个3岁的儿子，夫妻俩考虑到孩子长大需要独立卧室和书房，打算把房子重新设计、重新装修。同时孩子马上就要上幼儿园了，夫妻俩为孩子成长考虑，选择了一家高档的幼儿园，这家幼儿园的收费标准比普通幼儿园要高很多。

张先生夫妇目前存款 15 万元左右，张先生现在每月需要还房贷 7200 元，车贷 2600 元，如果现在装修，加上孩子的教育费用，再加上一家三口的各种开销，张先生家很可能要靠继续借债才能实现目标。

此案例中张先生家的资产负债率是（7200+2600）×12/220000=53.45%。这一数据意味着张先生家的负债率较高，属于高负债家庭。因此，张先生在财产管理规划时，需要慎重选择。考虑到张先生家每月需要还房贷、车贷共计 9800 元，几乎是张先生的月收入。而妻子收入需要维持家庭开支等方面的花费。另外，孩子马上上幼儿园还需要一笔资金，孩子入学不能耽搁，但装修房子并非迫在眉睫。因此，张先生可以先推迟装修房子的计划，把家庭存款作为孩子的教育资金，等经济条件好转，再考虑装修房子。同时，张先生夫妇缺乏一定的投资理财意识，张先生完全可以将存款拿出 30% 左右用于投资理财，购买一些诸如基金、债券等风险较低，又能带来收益的理财产品。

第五章

家庭财产风险管理

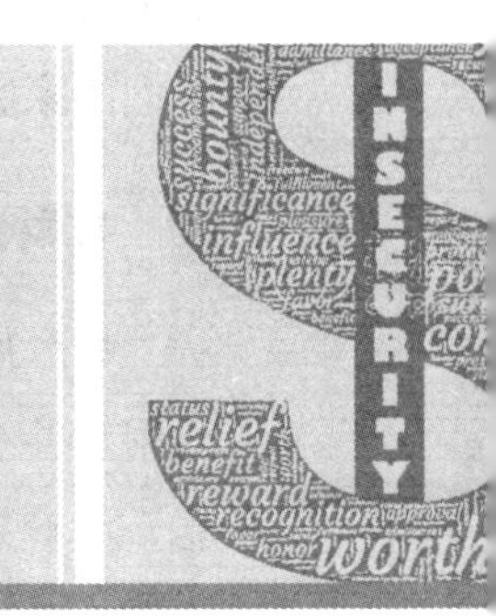

财产风险本身也需要管理，忽视财产风险的管理，将会造成更大的风险。本章从财产和风险的关系入手，接着对经营风险、投资风险、政策风险、人身风险、债务风险、婚姻风险管理进行分析，指导家庭防范和控制风险，使财产风险控制在家庭能够承受的范围内。

财产和风险

俗话说："天有不测风云，人有旦夕祸福。"风险是无处不在的。在日常生活中，除了人会面临不同的潜在危险，家庭财产也会面临损失或失去的风险，因此，家庭要具有风险防范意识，最大程度地降低风险，保护好我们的家庭财产。

1. 财产风险

财产风险是指一切有形财产发生贬值、损坏或灭失的危险。现代家庭的财产主要有房屋、家具、家用电器、现金、车辆以及其他一些贵重物品。一般来说，家庭拥有的财产价值越大，遭受损失的风险越大，损失的价值也就越大。总的来说，家庭的动产和不动产会遭到人为和自然灾害两种风险。

- 不动产：主要指住房，最常受到破坏、火灾、爆炸等人为造成的风险，以及洪涝、泥石流、地震等自然灾害。
- 动产：主要指日常用品、汽车、贵重私人物品遭到火灾、盗窃、抢劫、自然灾害等破坏。

2. 财产风险管理

为避免家庭财产遭遇损失，家庭要对财产风险作出准确预估和积极应对。一般情况下，家庭财产风险预估的主要判断依据是目前所采取的风控手段。比如，有无安装燃气报警器预防火灾风险，有无安装行车记录仪预防车辆刮碰、敲诈勒索的风险等。

家庭财产损失的风险会直接导致家庭财产的减少，同时为了重新获得财产需要花费时间、精力、费用，引起间接损失。因此，做好家庭财产风险管理很有必要，具体来说，家庭可以做好以下几个方面的准备：事前预防、事中控制、事后补救。

（1）事前预防

我国大部分家庭都缺乏家庭财产的风险意识，更缺乏财产风险的事前预防意识，事前预防能够在很大程度上降低风险发生的概率。

首先，家庭要深刻认识到财产风险的存在，做好财产管理安全风险评估，并针对风险的发生制定预防措施。具体来说，家庭可以积极购买意外伤害险、财产损失保险等保险，这类保险在一定程度上能够保障家庭财产的安全，即便财产受到了风险的侵袭，也能得到一些相应的保障。

其次，除了购买家庭保险之外，家庭还要做到分散财产风险。最常见的就是家庭在投资理财的时候，实行投资理财组合的方式可以分散风险，例如，选择股票和债券组合的投资方式，定期定投和年金保险的组合方式，在一定程度上能分散一些风险；同时家庭合理地对现金进行管理也会分散一定的风险，例如，留足家庭紧急备用金，其他现金存活期或定期，避免现金被盗用的风险。

（2）事中控制

对于财产风险的管理，最重要的是家庭成员在日常生活中养成风险防范意识并在生活的各项活动中践行风险控制行为。例如，家庭成员在出门时，要提醒自己记得关好门窗、水电等，防止因为自己的疏忽而导致财产受到损失。出现火灾时，家庭要及时关闭煤气、天然气等易燃易炸的物品、切断电源，及时拨打报警电话，不可为了抢救财产而忽视自身的安全。

近日，李先生家发生了一起高压锅爆炸事件，整个厨房被炸得一片狼藉。厨房窗户连同防盗窗一起坠落，并砸坏了楼下的一辆汽车；厨房用具受到了不同程度的毁坏。

这起高压锅爆炸的起因是李太太在熬鸡汤时一直在看电视，没能及时关闭液化气。至今李先生一家想起来还心有余悸，幸好发生爆炸的瞬间李太太没在厨房，楼下汽车里也没有人。由于李先生一家没有购买家庭财产保险，因此这部分损失需要李先生一家承担，另外，因为窗子脱落砸坏了邻居家的汽车而付出了2万元的维修费。

李先生一家从这次爆炸事件中得到了惨痛的教训，一方面，意识到购买家庭财产保险、意外伤害险等保险的重要性；另一方面，也产生了风险防范意识，在使用高压锅、热水器等有潜在危险的家电时，要经常检查其安全性，在使用的过程中也要多加小心，留心防范，最大限度地减小安全风险。

（3）事后补救

有些风险即便家庭做好防范，也还是有发生的可能。在意外情况已经发生的情况下，家庭要积极应对，用法律来维护自身的权益或积极寻求帮助，如发生入室盗窃造成财产损失时、电器自燃造成火灾时。另外，当家庭发生意外时，家庭成员也要进行反思，了解这次意外发生的原因，从根源上避免再次发生的可能。还有很重要的一点就是，当意外已经发生了，损失已经造成了，家庭成员不要一味地相互指责、抱怨，而应以健康积极的心态振作起来，重新建设家庭。

经营风险的管理

一些中产阶级家庭在积累了一定的财富之后，会选择经营一些企业，如店铺、和朋友合作开公司等，当家庭成员由自然人变为法人时，会承担起公司经营的风险，因此，家庭经营企业时要做好经营风险方面的管理。

经营风险又称营业风险，是指在企业的生产经营过程中，供、产、销各个环节不确定性因素的影响导致企业资金运动的迟滞，产生企业价值的变动。另有一种说法：企业由于战略选择、产品价格、销售手段等经营决策引起的未来收益不确定性，特别是企业利用经营杠杆而导致息前税前利润变动形成的风险叫作经营风险。

经营风险时刻影响着企业的经营活动和财务活动，对企业经营风险进行较为准确的计算和衡量，是企业财务管理的一项重要工作。企业经营风险一般包括以下三个方面：

➢ 财务风险：指的是家庭在经营企业时，遇到资金周转困难、亏本、负债，甚至是企业倒闭的危机。
➢ 法律风险：最常见的就是合同陷阱，使得企业经济受损；或者家庭在企业经营时，不小心碰触法律。
➢ 团队风险：主要是指在核心团队问题及员工发生冲突、流失和知识管理、经济纠纷等。

在家庭财产风险管理的范畴内，家庭面临的主要经营风险是以上三种。那么家庭需要如何做好管理呢？

1. 学会分析风险

风险的发生不可预知，但是风险的类别是可以研究的。家庭在对经营风险进行管理的时候，最基础的就是要树立风险意识，学会分析风险，而不是对风险"熟视无睹"。例如，当家庭存在偷税漏税的行为时，会产生法律风险；企业经营不善，会带来负债、破产等经济风险等。家庭要在风险发生之前，分析好这些风险发生的原因以及带来的影响等，以便从源头抓起，避免风险的发生。

2. 积极评估风险

当家庭经过分析风险，了解到经营风险造成的原因之后，家庭就需要进行风险评估。例如，当企业投资时，预估此次投资风险，估量一旦投资失败会遭受的损失，当企业面临资金周转不灵、企业破产时会给家庭带来怎样的困境和危机等。家庭要积极评估风险，提前对企业经营风险产生的情况作出分析和判断。

3. 积极防范风险

家庭在经营企业的时候，除了要学会分析、预估风险外，还要积极防范风险。例如，当企业投资某一产品时，为了避免投资失败，给企业带来财务风险，应该在投资前就充分考察市场，了解该产品在市场上是否存在需求点，设计合理的产品投资计划，确保过程能够顺利进行并有良好的效益。

4. 适度地转移风险

家庭在经营企业时，需要建立健全企业管理制度，包括合同管理、财务管理制度，让企业经营活动有法可依。在发生风险的时候，能够起到一定的法律凭证作用。另外，家庭可以购买相应的保险，以保险的形式转嫁风险，如企业财产险、员工人身安全保险、长期投资风险、财务风险等，当出现经营风险时，能够转嫁一定风险，缓解企业经营的压力和危机。

投资风险的管理

"投资有风险，理财需谨慎。"现代家庭，尤其是中产家庭，都会购买一些投资理财产品，如投资股票、债券、基金等。但收益与风险并存，家庭投资会遭受两方面的风险，一方面是市场风险，如通货膨胀、利率波动、经济危机等；另一方面是非市场风险，如行业风险等，这些都会给家庭投资带来风险。一般投资风险分为以下三类：

- 财务风险：财务风险是指家庭在各项财务活动中由于各种难以预料和无法控制的因素，使家庭在一定时期、一定范围内所获取的最终财务成果与预期的经营目标发生偏差，从而形成的使家庭蒙受经济损失或更大收益的可能性。例如，当家庭购买一种股票，但该股票势头不好，出现连续下跌的情况，使得这支股票被套牢了，家庭也无法从该股票上获得收益，这就是家庭财务风险。

➢ 利率风险：根据巴塞尔委员会在1997年发布的《利率风险管理原则》中对利率风险的定义是：利率变化使商业银行的实际收益与预期收益或实际成本与预期成本发生背离，使其实际收益低于预期收益，或实际成本高于预期成本，从而使商业银行遭受损失的可能性。指原本投资于固定利率的金融工具，当市场利率上升时，可能导致其价格下跌的风险。债券投资和利率息息相关，是成反比的关系。也就是当利率增高时，债券的收益就会相应地降低，反之则增高，但这利率又不是家庭能控制的，因此家庭依旧需要承担风险。

➢ 变现风险：从MBA智库百科给出的解释来看，变现风险是指投资者无法在资本市场上以正常的价格将投资对象平仓出货的可能性。投资者需要能够随时收回和转让现有投资，如果在短期内找不到愿意出合理价格的买主，投资者就会丧失其他新的投资机会或面临降价出售的损失。当家庭投资股票、基金时，未能在最佳时机卖出，而过了时机又不能及时收回资金，无法变现，这就是出现了变现风险。

从主观上来看，家庭在投资理财时，容易跟风盲目投资，而不考虑家庭实际情况。当市场出现变化，风险来临时，家庭由于缺乏相应的理财知识和丰富的理财经验，很难采取正确的应对措施。另外，家庭在投资时，可能过于“急于求成”，使得投资面临很大的风险。出于主客观的原因，家庭在投资时面临着诸多风险，因此，家庭要做好投资风险管理，以降低风险和损失。那么家庭如何防范投资风险呢？

1. 提高投资风险意识

家庭在投资的时候，往往只盯着投资带来的收益，而忽视对风险的考虑。因此，家庭在投资前，就要对风险作出充分的考量，并作出理性的投资判断，提前想出一定的应对策略。例如，家庭打算购买股票，那么家庭就要提前做好一些准备工作。首先，面对门类繁多的股票，要选出一支最适合家庭投资的股票；其次，了解该支股票在市场上的特征和走势，以判断股票出现波动时会呈现什么样的状态。

2. 制定正确的投资方案

家庭在投资的时候，需要结合家庭的收入水平、家庭成员结构和承受风险的能力来选择投资产品，这是降低投资风险的有效手段。但有一部分家庭受到金钱和欲望的驱使，而不顾家庭的实际情况和投资风险，把全部资产都搭进股市中去，使得家庭财产遭受严重的损失。

因此，家庭在投资时不仅要求稳，而且要考虑家庭情况。除此之外，家庭还需要对所投资的理财产品及其所在的金融机构有一个全面的了解。在此基础之上，制定正确的投资方案，做到合理投资。这样既能规避风险，又能提升家庭财产的收益。

3. 选择投资组合方式，分散风险

家庭对投资风险进行管理，"不要把鸡蛋都放在一个篮子里"，要采用合适的方法分散风险。比如说，选择投资组合方式。最常见的投资组合方式就是"4321"投资组合方式，即拿家庭资产的40%用于购买股票、债券、基金、房子等投资理财产品，再拿其中的30%用于家庭生活开销，20%用于银行存款，10%用于家庭应急备用金，以备不时之需。

当然每个家庭的实际情况是不同的，也没有哪种投资方式适合所有家庭，家庭还需要总结出适合家庭情况的投资理财方式。例如，可以选择定期定投和年金保险的投资方式，一方面这种组合方式较为稳健，风险较低，另一方面也能给家庭带来一定的收益与保障。

陈先生，33岁，是某家公司的工程师，年收入20万元左右。妻子王女士，32岁，是一名医生，年收入10万元左右，另外，每年享有

2万元的公积金。两人育有4岁的儿子和2岁的女儿。

陈先生家现有存款5万元，股票价值7万元，为了能让以后的生活更为轻松，也为了能提前为孩子的教育费用和个人的养老费用做好准备，陈先生选择了以下投资组合方式，在获取收益的同时，又能分散一定的投资风险。

首先，在保障孩子教育方面，陈先生夫妇采取的是基金定投和购买教育保险的投资方式，每月往基金账户中投入400元，从孩子18岁上大学算起，中间有16年的时间，按照8%的收益率计算的话，到时陈先生可以拿到15多万元的资金。同时，陈先生每年投入3000元用于购买教育保险，若按2%的收益率来算的话，那么16年后可以拿回5万元，能有效保障孩子上学。其次，为了能有个安稳的晚年，陈先生选择购买年金保险，每个月定期向账户投入1000元；同时陈先生夫妇还购买专项养老基金，每个月定期向账户中打入3500元，以保障晚年生活的幸福。

4. 控制投资风险

当家庭已经选择好并购买了投资产品时，家庭就要紧跟市场形势，根据市场最新的变化作出正确的判断和调整，降低投资产品在市场中的风险。例如，投资股票时要在正确的时间买入卖出，而这个时间的精准把控，建立在家庭掌握住一定的理财知识和丰富的经验之上。

政策风险的管理

政策风险是指政府有关证券市场的政策发生重大变化或是有重要的举措、法规出台，引起证券市场的波动，从而给投资者带来的风险。

国和家有着密不可分的关系，相互影响、相互制约。国家通过宏观调控和微观调控，使国民经济健康稳定地向前发展。国家在实行宏观和微观经济调控、颁布各种政策法规时，都对家庭产生深切的影响。

经济发展是一个全民参与的过程，尤其是家庭投资理财等经济活动，深受政策风险的影响。因此，在家庭财产风险管理中，政策风险的管理是其中重要的组成部分，而政策风险是不可抗力，因此，家庭要积极做好政策风险的管理。

政策风险对家庭进行各种经济事务都有着密切的影响。具体来说，包括货币政策、财政政策、行业政策、地区发展政策。接下来，依照这四大具体政策来全面分析政策对家庭所带来的风险。

（1）财政政策

财政政策分为扩张型和紧缩性两大类。当国家实行扩张性财政政策时，税收减少、税率降低，会减少国债发行，刺激股价上涨，证券价格也将上涨；股价上涨，持有该股票的人的财富得到了增值。家庭如果拿出一部分资产投资股票，但此时家庭财富也陷入了波动之中，因为股价可能今天涨了，明天就跌了，带来一定的风险性。当实行紧缩性财政政策时，会增加国债的发行量，证券价格会下跌。当证券价格下跌，家庭财产更是受到直接损失。

（2）货币政策

货币政策是用于保持币值稳定。在通货膨胀时，银行会提高存款准备金率，家庭更愿意把钱存在银行，货币流通量就会相应减少；当通货紧缩时，银行会降低存款率，大家会倾向于把钱放在其他能够带来更高收益的投资项目上，如债券、基金、股票，这也带来了一定的风险性。

（3）行业政策

行业政策对家庭发展来说也有着重大的影响。现在很多家庭选择创业，实现梦想、获得财富。而行业政策在家庭创业这块儿，既会带来机遇，也会带来风险。行业政策限制了家庭创业的发展前途、国家不扶持某些创业的发展等，这些都会给家庭带来一定的挑战。例如，由于国家对出版社的业务经营许可管理较严，行业准入相当严格，出版业成为特殊行业。这也就导致了很多中小型出版社无法及时变通，在行业内生存不下去，甚至面临着破产的危险。

张先生和妻子工作五年有余，2016年年初，小两口打算创业。张先生发挥自己在大学中掌握的技能创办手游，虽然每一天都很累，可是夫妻俩还是忙得热火朝天。可好景不长，2016年7月1日，国家新闻出版广电总局《关于移动游戏出版服务管理的通知》开始正式实施。根据规定，所有手游须有版号才能上架，没经过审批的手游将全部下线；在新规施行前已上网出版运营的，也需要补办相关审批手续，否则不得继续上网出版运营。

这个行业新规一出，张先生和妻子瞬间六神无主了，这个规定对游戏开发者的生存空间造成了一定的影响。张先生和妻子这种“小本经营”压根儿无法面临这样的突变，只好停业。

在这个案例中，张先生夫妻二人在创业时，没有深入了解本行业作为特殊行业的机关管控政策，致使创业之初就埋下了隐患，最后导致创业失败。

（4）地区发展政策

国家对地区发展所颁布的政策对该地区会产生重大的影响，一方面带来了机遇，能够让该地的经济、文化获得较好较快的发展，但是也是一把“双刃剑”，地区也需要迎合国家的政策发展，这就使得如果企业或家庭个人事业不能及时变通的话，也会带来一定的负面影响。例如，为了能够留住和吸引人才，武汉、西安等二线城市纷纷出台“人才新政”，考虑到了高校毕业生最实际的如户口、现金补贴、房子等需求，如武汉直接喊出了“毕业三年内无须买房即可申请落户”、南京提出“高校毕业生可直接申请落户”等口号，确实吸引了一批人才。但从长期来看，这种政策似乎并没有让这些人才真正安心。城市的社会保障、氛围、未来的发展空间等还是让这些走进去的人才又走了出去。而这些无论是对于家庭创业，还是对个人事业的发展都带来了一定的风险，如再就业、再选择的风险等。

政策风险管理对家庭资产流动趋向、资产重组、事业发展有着重要影响作用，可能在从事各种经济事务中与国家政策相悖而造成损失，或者由于不了解国家颁布的最新政策而盲目投资，造成不必要的、难以挽回的损失等。为了避免家庭财产遭受损失，家庭要采取合理合法的方式进行政策风险管理。具体来说，家庭管理政策风险有以下几种方法：

1. 提高风险防范意识

不少家庭对政策风险往往“后知后觉”，就是政策风险已经在市场发生作用了，才想到要做出应对，但还是受到了影响，遭受了经济损失。因此，家庭在对政策进行管理的时候，首先需要提高对政策风险的认识。做好全面的分析和研究，了解到政策风险对家庭经济事务可能产生哪些影响，并做好利弊分析，以提高自己对政策风险客观而全面的认识。在进行投资理财活动之前，先看看市场上的政策动向，是否颁布了新的政策法规，对经济市场会产生什么影响。例如，家庭在投资股票前，要先了解最近股票市场的法规政策，当当前股票市场状态良好、股价上升时，家庭也不要盲目跟风，在股票上面投入较多的家庭资产，因为股票的不确定性和高风险性都会给家庭投资带来一定的危机。家庭切忌盲目跟风，要理性投资，要在家庭实际情况和对市场的全面分析的基础上作出选择，避免一味跟着市场热点走，尽量减小政策风险带来的影响，否则，一旦金融市场相关政策发生变动，就会波及家庭经济。

2. 预测风险并进行决策

当家庭建立起风险意识之后，就需要对风险进行决策，寻找出更好的解决方案，力求将风险降至最低。这就需要对风险进行预估，并做好积极的调整，最大限度地正向迎合政策。例如，金融监管政策和投资理财市场相关的政策法规，对理财产品的本金和收益都会有影响，会影响本金是否受损、收益是否降低等风险。这时候，家庭要提高风险意识，进行预估，理性投资，而不是一味跟着市场热点走，市场热什么就投资什么。同时，家庭如果选择创业，要查看近些年来该行业的发展情况、政策颁布情况，了解并预测未来该行业的发展趋势，是否成为国家大力支持的行业。一旦国家对该行业做出了限制，而家庭又不能很好地变通以适应新政策的话，那么很快就会被淘汰。

3. 提高承受风险的能力

对政策风险的管理，家庭应该侧重于对潜在风险进行分析，并用科学方法，对其形成有效的管理，让家庭减少不必要的损失。这就要求家庭能够对国家宏观政策有深刻的理解和把握，并正确判断市场趋势。当政策风险已经对家庭投资理财的收益产生消极影响的时候，家庭要做充分的准备，提高承受风险的能力。还要积极变通，以应对政策的变化。尤其对于突变性政策，家庭需要寻找积极有效的对策，也可以向专业人士请教，以降低风险。

人身风险的管理

人身风险是指在日常生活以及经济活动过程中，人的生命或身体遭受到各种形式的损害，造成人的经济生产能力降低或丧失的风险，包括死亡、疾病、残疾、生育、年老等损失形态。

造成人身风险的原因主要有三方面：第一，由自然灾害引起的，如地震、洪涝灾害等；第二，由人为祸患引起的，如犯罪行为等；第三，由人的生理发展的自然规律引起的。

家庭成员所遭受的人身风险主要包括：

➢ 死亡：死亡包括两个方面。第一，自然死亡。是指人顺着自然规律的发展而导致的死亡；第二，非正常死亡，即个人遭到意外事故如车祸等导致的死亡。

- 疾病：疾病是造成人身风险的一个很大的隐患。疾病不仅使得个体遭到经济损失，还使得个体忍受着病痛的折磨，甚至个体生命遭到威胁。
- 残疾。主体由于遭遇意外事故，如车祸、爆炸、地震等人为事故或自然灾难，身体受到伤害，变成残疾。严重残疾甚至会让主体失去劳动力，对个人及家庭造成极大的打击。
- 年老：家庭成员的人身风险系数随着年龄的增大而不断增高，尤其家里的老人年事已高，会面临各种疾病的侵袭，患病的可能性大为增加，人身安全也受到了威胁。
- 失业：当家庭成员失业时，导致家庭缺乏稳定的收入来源，对家庭成员的衣食住行等方面都会造成不利的影响，人身风险系数也会增高。

虽然说人身风险的发生是不可预测的，如死亡和疾病的发生都是不可预测的，但从长远角度来看，为了能够保证家庭及个人人身的安全与稳定，家庭可以从以下几个方面做好人身风险管理：

1. 做好风险预留

风险预留就是根据人身风险产生的原因，提前采取防范措施。具体来说，可以做好以下几点准备：

（1）创造安全的家庭环境

例如，家里的液化气、热水器等要定期维修、安装火灾自动报警系统；根据家庭成员的年龄和特征采取相应的防护措施，对于有老人和孩子的家庭来说，更要注重构建一个安全的家庭生活环境。比如，楼梯要做好一定的防滑处理等，让孩子远离一些会带来危险的物品，如剪刀、电源操作、硬币、开水等。

（2）提高家庭防范风险的意识

一方面，家庭成员要提高风险防范的意识；另一方面，家庭成员也要做到相互监督和提醒，尤其孩童危险防范意识不强，很难做到自我提醒，因此需要家长多加小心，最大限度地照顾好老人和孩子的安全等。

例如，老人在使用液化气时，家庭成员要考虑到老人容易健忘的特征，及时提醒；老人和孩子外出时，要明确告知注意车辆、陌生人等潜在危险；孩子在放假期间，家长要明确告知孩子不要去水深的地方游泳等。

（3）准备好一定的家庭应急备用金

准备好家庭应急备用金是为了在意外情况发生时有充足的资金准备。例如，家中老人因年迈体弱摔倒、孩子感冒发烧时，能及时拿出足够的治疗费用，而不至于因资金不够陷入忙乱的状态。

2. 做好风险控制

风险控制就是当人身事故已经发生时，为了降低事故带给家庭和成员人身安全的不利影响，对已发生的事故采取相应措施，将损失控制在最低程度。例如，家中老人摔倒造成骨折，那么家庭成员需要迅速送老人就医，降低危险系数。

3. 做好风险转移

风险转移是指将风险事故造成的损失转移到法律约定的第三方来承担。例如，家庭成员为自己购买了意外事故保险，当家庭成员不小心出现意外事故时，就可以让保险公司承担损失，把风险转移到保险公司。

一般来说，家庭主要选择购买以下三种保险，以做好风险转移，给家庭带来一定的经济保障。

（1）人寿保险

是指以人的生命作为保险标准的，是基本的人身保险险种。它和其他保险最大的不同是以被保险人的生存或死亡作为判定标准的。人寿保险有多种分类，如生存保险和养老保险等，家庭可以根据实际家庭情况作出选择。

（2）人身意外伤害保险

是指被保险人发生意外事故，造成被保险人死亡或残废时，保险公司按照保险合同的约定向保险人或受益人支付一定数量保险金的保险。

人身意外保险对家庭成员来说非常有必要。尤其当家庭所有经济压力由家庭某一成员承担时，一旦该家庭成员遭遇意外事故，家庭就会失去收入来源，陷入困境。因此，人身意外保险在家庭成员发生意外事故时能够为家庭分担一定的经济压力和精神负担。

（3）健康保险

是指被保险人在保险期间因疾病不能从事正常工作，或因疾病造成残疾或死亡时，由保险人给付保险金的保险。健康保险的承保比较严格，因此，家庭成员可以趁着年轻、健康的时候购买最有利。健康保险一般包括医疗保险、失能保险、护理保险。

李先生一家五口人：李先生父母、李先生夫妻俩，还有一个孩子。李先生父母今年均已70岁，妻子40岁，李先生自己42岁，孩子16岁。

李先生在一家公司任经理，年入50万元，妻子为全职太太，主要任务就是照顾孩子。家里的经济全由李先生一人支撑，所以李先生的人身安全对全家有着重大的影响，一旦李先生面临失业、疾病、意外事故等情况，那么李先生一家将会失去稳定的收入来源，无法进行正常的生活。因此李先生一家，尤其是李先生自己要做好人身风险管理。李先生可以为自己和家人选择购买人身意外险、健康保险等。当意外情况发生时，能获得一定的经济补偿。

同时，家庭在购买人身保险的时候，如果家庭收入较高，家庭可以选择投资型的保险，如分红险、万能寿险等，既能得到一定的保障，又能从中获得一定的收益。

债务风险的管理

随着经济的迅速发展，家庭财富虽然得到了一定的累积，但是由于“敢消费、冲动消费、不合理投资、创业失败”等各种原因，现代家庭面临着方方面面的债务危机，尤其家庭在房贷上的债务压力，似乎成了每个家庭的“隐痛”。

王先生，32 岁，是某公司的部门经理，月收入 1 万元；妻子张女士，30 岁，是一家公司的设计师，月收入 6000 元。夫妻两人贷款买了一套房子，每月需要还贷款 4000 元；夫妻俩育有一儿一女，儿子 5 岁，女儿 3 岁。为了能够给孩子好的生活，王先生打算投资，几乎将自己所有的积蓄都投入到股市里面。可由于前期预估失败，再加上王先生急于求成等各种原因，投资很快就失败了，欠下了一笔债务；为了偿还这笔债务，王先生不得不将房子作抵押，从银行贷了一笔钱还债，但还是不能完全还清债务，因此，王先生不得不从网络贷款中借钱还贷，而网络贷款利息较高，更加重了王先生家庭的经济负担。

除了家庭自身作为债务人，由各种原因欠下债务之外，还有一种情况是，家庭作为债权人借贷给别人，由于别人的原因，如借贷不还、非法使用贷款（赌博、贩毒）等，让债权人承担风险，这也是一种债务风险。

因此，家庭一方面需要管理好自己作为债务人、他人作为债权人的债务风险，同时也要管理好自己作为债权人、他人作为债务人的债务风险。如果不对家庭债务风险进行管理，债务风险本身也会产生一定的风险。比如，随着欠债越来越多，这时如果不及时做好还债计划，反而任由债务不断扩大，就会导致因大量负债，借债人已无力还债或必须延期还债的现象。那么家庭如何对债务风险进行管理呢？具体来说，可以采取以下几种方式：

1. 树立债务风险意识

现代家庭在理财方面有了重大的转变，过去人们更愿意把钱存在银行，现在家庭更倾向于把钱用于投资房产、创办企业、购买理财产品等其他投资上。但这些投资有可能会让大多数普通家庭背上一定的债务。因此，家庭在进行投资时，要树立债务风险的意识，确保所承担的债务风险在家庭能够控制的范围之内。

例如，中国大多数家庭一般都愿意投资房产。他们购买房子的原因一半是由于结婚、居住等刚性需求，另一半原因是现在“钱”在不断贬值，把钱用来购买房产，能够保住钱的价值，再加上房产企业的火热，房价不断提高，让钱的价值得到提升。

但是家庭不要被火热的房地产市场冲昏头脑，不可盲目投资房产，更不能超出家庭的经济能力借钱、贷款买房。如果掏空几代人的家底，超出家庭经济能力贷款买房，一旦房价大幅下跌，不但整个社会的经济受到很大影响，也有可能因为社会经济发展的不利而降低家庭的收入，家庭无力承担房贷，导致房子被银行收回。所以，家庭必须树立债务风险意识，在购买房子时要量力而行。

2. 从正规渠道借款

借钱渠道有很多，一般来说，分为正规渠道和非正规渠道。正规渠道有：

➢ 亲戚朋友。一般亲戚朋友都会同意借款，而且几乎不需要什么利息，即便不能及时还款，也不会被列入“失信”名单。但这种借款方式有个弊端：如果不能及时还款有可能导致经济纠纷，甚至影响亲情和友情。

➢ 银行。如果家庭里有抵押品，如房产，就可以用房产作为抵押，从银行里用较低的贷款利率得到一笔数额不小的贷款。如果家庭里没有抵押品，但家庭成员的工作单位资质较好，收入较高，并且个人征信记录良好，都可以在银行申请贷款。这种借款渠道要求比较严格，对借债人的资质要求比较高，借贷利息不是很高。但如果没有及时偿还到期债务，或者不还，将会面临法律的惩戒。如果家庭成员的贷款资质达不到，可以从银行申请普通的信用贷或信用卡。这种贷款方式将会上征信名单，贷款利率较高，而且必须按期还贷。

➢ 银行的金融产品。比如，微粒贷、平安普惠，这类借款方式对借款资质要求不高，但是借贷利息很高。

这些正规的借款渠道由于有较为完善的法律支持，并且具有正规的监管机构，即便产生经济纠纷，也能通过法律渠道得到合理的解决。因此能够有效降低债务风险。但是以下这些非正规的借款渠道，由于法律尚不完善，并且缺乏正规的监管机制和监管机构，所以欠债风险较大。而且这类机构的借贷利息远高于正规渠道的借贷利息，家庭不但要面临更高的债务金额，而且一旦不能及时还贷，家庭成员的人身安全也有可能面临危险。

➢ 小贷公司、P2P 贷款。现在网络上有很多这样的小贷公司，从这类渠道借款，可以不用抵押，并且借贷方法也很简单。但是借贷利率很高，而且借贷方式不正规，存在很多隐患，债务风险很大。

➢ 现金贷、手机贷。手机应用商店里面有很多这样的小额贷款 APP，这类贷款金额不高，对借贷人的资质几乎没有要求。一些移动支付也开通了贷款功能，如支付宝的“花呗”“蚂蚁借呗”。贷款金额根据支付宝用户的信用等级而设置，开通借贷功能十分方便，借贷利息不高，同时，有大型企业做后盾，债务风险相对而言比较小。

3. 债务隔离

如果有家庭成员打算通过借债进行较大规模的金融投资或者准备创业，那么家庭一定要做好债务隔离，避免因为投资失败或创业失败产生的债务风险累及家庭。

乐视控股集团以及乐视网创始人贾跃亭，他曾经以420亿的财富在胡润百富榜上排第31位。但在2017年6月，贾跃亭直接所持乐视网股份全部被冻结，同时，由于乐视旗下的乐风移动向上海招商银行川北支行所借贷款发生欠息，法院冻结贾跃亭夫妇名下的12.37亿资产，贾跃亭本人也被列入“失信”名单。

贾跃亭因为投资失利，欠下了巨额的债务。这些巨额债务对贾跃亭的家庭造成了很大的影响。他所担保的债务已经牵连了家庭，家庭财产几乎全部冻结，严重影响了妻子和子女的正常生活。同时，贾跃亭因为没能偿还贷款，整个家庭面临法律风险。而且，因为贾跃亭个人进入“失信”黑名单，整个家庭几乎不太可能凭借个人信誉从银行贷款。

所以，提前做好债务隔离工作，能够在很大程度上降低家庭所要承担的债务风险。

首先，家庭可以在欠债之前通过购买大额保单（比如，人寿保险保单），隔离债务。《保险法》第三十二条规定：任何单位和个人不得非法干预保险人履行赔偿或者给付保险金的义务，也不得限制被保险人或者受益人取得保险金的权利。即便家庭面临巨大的债务风险，但大额保单能够在一定程度上保护家庭财产，并为家庭成员提供生活资金。

其次，家庭可以在准备举债之前，将家庭一部分财产转移到父母或其他家庭成员的名下。当家庭财产面临被法院强制冻结的情况时，可以保存一部分财产。

4. 尽快还款

只要家庭仍处于欠债之中，就会面临债务风险。如果家庭通过债务带来的利益小于债务成本，家庭就要尽快还款，接触债务杠杆，降低债务风险。

首先，要学会“省钱”。当家庭陷入债务风险之中时，就需要谨慎用钱、理智消费。可以将不必要的开支节省出来，在一定程度上能够缓解经济压力。同时，家庭可以制订合理的消费计划，对整个家庭的日常生活消费和长期消费作出安排和规划。

其次，要学会“赚钱”。在长期消费中，家庭则要考虑好投资理财，有一种“借鸡生蛋”的意义，即用借来的“钱”生“钱”，但家庭在作这个决定之前，要深切考虑好几点：一是要考虑好风险；二是选择合适的投资理财产品；三是要将负债投资控制在合理的范围内，切忌“鸡飞蛋打”。

5. 管理借贷风险，降低损失

债务风险还有一种情况就是：你作为债权人借贷给别人。当债务人面临破产、犯罪等各种风险时，这部分借贷出去的钱，有可能会面临收不回来的风险。因此，家庭在借贷给别人的时候，首先，需要衡量家庭的经济实力，不可贷而借之；其次，在借大额金钱给别人时，需要深入考察对方借钱的真实意图和用途，如果对方借钱是用于赌博等不法之事，那么这债务风险只能自己去承担了，因为法律不予保护；再次，在借贷给别人时，需要清楚了解借款人的信誉和偿还能力，在借款时不能碍于情面而不让对方写借据，在写借据的时候要写明还款期限，以免发生意外；最后，必要时可以让借款人以个人财产作为抵押降低债务风险。另外，家庭不可参与非法集资等活动来获得利益，否则只能自食恶果。

婚姻风险的管理

家庭在进行财产风险管理时，有一项很特别的风险管理就是——婚姻风险管理。著名企业家巴菲特有一句著名语录：“婚姻是最大风险的投资。”婚姻风险包括两大类，一类是情感风险，如配偶出轨、去世、家庭暴力、婆媳关系、夫妻两人长年分居等给夫妻情感和婚姻幸福带来强大的冲击；另一类是由婚变引发的家庭财产分割，造成的财产风险。

在家庭财产管理的范畴内，婚姻的四大财产风险包括：

- 财产转移。主要是指婚姻中的一方瞒着另一方，将夫妻共同财产转移到自己名下或者是第三人名下，或将财产偷偷变卖、毁损。家庭中较为常见的财产转移是出轨方瞒着配偶将财产转移到他人名下。
- 隐瞒财产。一方以自己的名义买房买车、存款或投资，而不告知对方。
- 对外举债。是指一方瞒着配偶向外面借债，而债款没有用于家庭生活；或者是一方恶意伪造债务情况，企图侵占另一方的财产。例如，婚姻中的一方谎称投资失败（其实没有投资）欠下债务，用夫妻共同财产“还债”，实则达成侵占共同财产的目的。
- 擅自处置财产。主要是指一方没有经过配偶的同意，就将夫妻共同财产变卖、赠与第三人或用于担保。最常见的就是夫妻中一方赌博欠债，瞒着另一房私自将房产抵押出去。

根据以上四大婚姻财产风险，可以采取以下方法来管理风险：

1. 明确财产归属权

在财产分割上，首先要了解到什么是夫妻共同财产。夫妻共同财产是指夫妻在婚姻关系持续期间所拥有的财产。要注意个人婚前财产和夫妻共同财产的区分和归属问题。

《婚姻法》第十七条规定：夫妻共同财产的范畴包括：

➢ 工资、奖金；

➢ 生产、经营收益；

➢ 知识产权收益

➢ 继承与赠与所获得的财产（但赠与人指定给个人的除外）；

➢ 住房补贴、住房公积金；

➢ 其他应当归共同所有的财产；

➢ 养老保险金、破产安置补偿费。

当婚姻中的一方出现过错时，如重婚、有配偶还与他人同居的、实施家庭暴力的、虐待和遗弃家庭成员的，无过错方可以主张自己多分配夫妻共同财产。

同时《婚姻法》第十八条规定，夫妻一方的财产（即个人财产）包括：

➢ 一方的婚前财产；

➢ 一方因身体受到伤害获得的医疗费、残疾人生活补助费等费用；

➢ 遗嘱或赠与合同中确定只归夫妻其中一方的财产；

➢ 一方专用的生活用品等。

当婚姻出现危机，分割夫妻共同财产时，需要明确界定即将被分割的财产属于夫妻共同财产还是个人财产。

例如，婚前一方买的房子，婚后两人共同还债，那么这时候房子是属于夫妻共同财产还是个人财产呢？《婚姻法》规定，夫妻在婚后购买的财产为夫妻共同财产，享有同等的权利。但对于一方在婚前购买房产，婚后两人一起还贷的现象，司法规定，由于夫妻两人共同还款，那么房子升值的部分为夫妻共同财产，而房子仍然归个人所有。两人共同还贷款，则配偶有权得到补偿。补偿额的计算方式为：以夫妻共同财产偿还银行按揭款的数额 × 房产增值率 ×50%。

2. 签订协议

不少家庭会出现这样一种现象：婚姻中一方并不了解对方的真实收入。一旦婚姻出现危机，在实行财产分割时，就会被对方恶意隐瞒财产造成一定的经济损失。例如，男方在外做生意，不告诉妻子真实收入，反而以投资失败等各种理由隐瞒真实收入。

因此，夫妻双方首先需要明确对方的真实收入，了解配偶的工作单位、银行卡存款、个人所得税的缴纳记录，还包括配偶名下的房产、车辆情况等，以防对方恶意隐瞒。

- 签订婚前协议：签订婚前协议就是指在两人在结婚前就将财产归属问题约定好，并用书面形式呈现出来，最好进行公证，以免日后出现争议。
- 签订忠诚协议：一般是出于对非过错方的保护，提高婚姻犯错的成本，在一定程度上能保障婚姻安全。忠诚协议的内容一般包括以下几点：一是在婚姻存续期间，若一方背叛另一方，则离婚时，背叛方“净身出户”；二是巨额的离婚赔偿金。

3. 婚内分割家庭财产

一般情况下是不支持婚内分割财产的，但以下两种情况除外。从《婚姻法》司法解释规定：“婚姻关系存续期间，夫妻一方请求分割共同财产的，人民法院不予支持，但有下列重大理由且不损害债权人利益的除外：一是一方有隐藏、转移、变卖、毁损、挥霍夫妻共同财产或者伪造夫妻共同债务等严重损害夫妻共同财产利益行为的；二是一方负有法定扶养义务的人患重大疾病需要医治，另一方不同意支付相关医疗费用的。”

当一方发现配偶存在以上两种恶劣行为时，有权依据法律来维护自身的权益，要求过错方少分甚至是不分财产。

4. 父母出资和财产赠与的管理

现代家庭中，父母出于对子女婚姻风险的考虑，一般在出资或进行财产赠与时，会提前采取防范措施。

例如，在购买婚房时，父母出资给子女买房，此时房产如果是由父母全权出资，并且将产权登记在某一方名下，则该房产属于该方的个人财产。

父母采取措施防范赠与子女的财产因婚姻风险带来的损失时，需要注意以下三个方面：

第一，若房子是父母出资购买，则需要有证据证明该房子是由父母出资的。例如，购买房子的款项直接由父母的账户打入卖方的账户，并保留好打款账单。如果房子不是一次性付款，是以首付+月供的形式，每个月的打款单也需要保存好，必要时作为证据呈现。

第二，产权必须是登记在出资人子女名下的，如果登记在配偶的名下或者配偶为产权人之一，那么此时的房产无论是婚前或者婚后，都可能被认定为是部分赠与对方。例如，老王给儿子小王出资买了一套房子，房产证是要写小王的名字才算是小王的个人财产，如果写的是老伴儿的名字或者是老伴儿的名字也在房产证上，那么这时候的房子是被认为部分赠与儿子。

第三，父母出资买房不同写明有不同的结果。具体来说，如果父母在子女结婚之前为其购买房产，并写明为子女婚前个人财产。即便子女成家后夫妻双方一同还贷，房子也是属于写明人（即子女）的，但是另一方需要补偿还贷资金和房子增值部分的价值；如果房子是由双方父母出资购买，只写其中一方子女名字时，那么出资父母因签订协议表明出资部分是赠给各自子女，并保留证明，这样房子即便只写一人名字，通常也会被认定为共同财产的。

张文和李洋恋爱已有三年的时间了，最近两人打算结婚。张文的父亲拿了老两口全部的积蓄50万元给小两口买了一套两室一厅的房子，供结婚的时候用，房产证上写的是张文的名字。婚后，张文和李洋由于工作关系两地分居，渐渐出现了间隙，矛盾越来越多，最终两人决定离婚。可在财产分割上，两人出现了很大的歧义。李洋认为自己参与了还款，房子应为夫妻共同财产，也该分得一半房产，而张文觉得房子是父母买的，并且房产证上只写了自己的名字，所以应该归自己个人所有。

从以上案例不难分析出，该房子所属权归张文一人所有。父母在张文婚前给张文买了房子，并只写了张文一人的名字，因此该房子被视为父母赠与张文的。但考虑到李洋也参与还房子贷款了，因此张文需要补偿李洋偿还贷款资金和房子增值部分的价值。

第六章

家庭财产投资管理

家庭通过投资实现财产的保值和升值，进而达到财产管理的目的。家庭要想实现财富保值、升值，在投资时就要注意技巧的实施，最大限度地保证收益，规避风险。本章主要从股票、基金、债券、期货、房地产、艺术品的投资技巧进行分析，帮助家庭做好投资。

股票投资技巧

股票是股份制公司（上市和非上市）所有者拥有公司资产和权益的凭证。上市的股票可在股票交易所自由买卖，而非上市的股票没有进入股票交易所，不能自由买卖。股票的种类繁多，这些股票名称不同，形成和权益各异。因此，股票的分类方法也是多种多样的。

一般来说，有如下几种分类方法：

（1）按上市时间和地点划分

主要分为A股、B股、H股、N股、S股。其中A股是指人民币普通股票，是我国境内公司发行的，供人们以人民币形式认购的股票，但这种股票不含中国港澳台的投资者；B股是指人民币特种股票，以外币形式购买，主要在上海、深圳进行交易的外资股；H股、N股、S股分别指在香港、纽约、新加坡上市的股票，各取地区名称的第一个英文字母。

（2）按投资主体来分

主要分为国有股、法人股、社会公股。国有股是有权代表国家投资的部分或机构以国有资产的形式向公司投资形式的股票；法人股是企业法人或具有法人资格的单位或社会团体发行的股票；社会公股是指股份公司采用募集的方式，向社会公众募集所形成的股票。

（3）按股票的交易价格分

主要分为一线股、二线股和三线股。一线股在股票市场上有着较高的价值，发展前景也较好；二线股票价格中等，但数量最多；三线股票价格较为低廉，发展势头也较差。

（4）按股东权利来分

按照股东权利可将股票分为普通股和优先股。普通股是随着企业利润的变化而变化的一种股票，它的基投资利益（股息和分红）根据股票发生公司的经营实积来确定，公司的经营实积好，普通股的收益就高。它是股份公司资本构成中最重要、最基本、风险最高的一种股票。优先股特点在于在分配红利和剩余财产时比普通股具有优先权的股份。优先股的种类很多，如累积优先股和非累积优先股、参与优先股与非参与优先股等。

股票是一种有价证券，可以转让、买卖或作价抵押，是资金市场的主要长期信用工具。

有人通过操作股票，能够在极短的时间内获取高额利益，创造“一夜暴富”的神话，还有人因为操作股票不当，在瞬间由“富翁”变“负翁”。“投资有风险，入股需谨慎。”因此，家庭在投资股票的时候，需要掌握一定的投资技巧。

1. 选择一支好股票

家庭要想在门类繁杂的股票中选择一支好股票，需要掌握一定的技巧：

（1）选择自己熟悉的股票

选择股票时，家庭要根据自己对股票的掌握情况，选择一支自己最熟悉、最有把握的股票，这样一旦股票市场发生什么变动，家庭也好立即做出反应，想出应对策略。

（2）选择热门、知名度高的股票

这类股票一般前景较好、资金雄厚。例如，由国有企业控股的热门股如石油等，这些股票做短线时，获利机会大，变现能力也较强。

（3）选择题材股

题材股通常指由于一些突发事件、重大事件或特有现象而使部分个股具有一些共同的特征(题材)，这些题材可供炒作者借题发挥，可以引起市场大众跟风。比如，国家倡导新能源，一些从事太阳能技术开发的企业就成为炒作题材，称为新能源概念股。题材股一般具有极强的阶段性和时效性，利用的是人们的从众心理。

（4）选择成长空间大的股票

这类股票的特点就是有较好的发展前景，虽然从当前形势来看，资金尚不雄厚，但其潜在价值高。家庭如果有较强的股票投资经验和眼光，“慧眼识珠”买入这些潜力股，那么一旦这些股票价值上升，则赚得满盆钵体。

（5）选择稳定性强的大公司的股票

一般来说，大公司具有资金雄厚和较强抵御风险的能力。因此购买大公司的股票，具有较强的稳定性和收益性。家庭可适当地选择这些股票，获取长线收益。

2. 选择最佳购买时机

投资股票要想获益，一般都是通过“低价买进、高价卖出”的方式。如果想通过买卖股票尽可能实现利益最大化，就要求家庭掌握两个重要的时间节点：股票最低价的买入时间和股票最高价的卖出时间。这两个时间节点的掌握靠的是投资者敏锐的判断能力和丰富的投资经验。

家庭如何选择最佳的购买时机，需要从两个方面进行分析：短线投资或长线投资。

（1）短线投资购买时机

家庭在做短线股票投资的时候，就要学会看股市的市场环境的个股形态。一般来说，回调的时候和突破确认的时候就是最佳的买入点。而当股市在跌势中期出现利好的消息时，家庭也可选择购买。尤其当大盘暴跌时，是中短线股票的最佳买入时机，因为后市往往都会出现强劲反弹的现象，是重新“洗牌”的好时机。

（2）长线投资购买时机

一般来说，持股 3 年以上就算长线持股了，也就是长线投资。当家庭打算投资长线股票时，有两种购买情况：一种情况是当股市呈稳定增长趋势的时候，家庭这时候可以计划买入；另一种情况是当个股呈现重大利好状态时，家庭也可适当选择购买，这是增长利益的好时候。

除此之外，长线投资购买的最好时机一般就是大盘出现系统性风险，连续下挫的时候，等待大盘企稳。因为是熊市，所以说大盘下跌的第一浪一般都会特别迅速，接着就是长期震荡，选择方向。这个时候可以以很低的价格买到自己观察很久的股票。

3. 选择最佳卖出时机

家庭投资股票是为了赚钱，因此不仅需要选择最佳购买时机，还要选择最佳卖出时机。很多家庭在投资股票时，往往会陷入一个误区，就是想着在一支股票上“大赚特赚”，导致失去最佳卖出时机。一般最佳卖出时机有这样两个特征：

➢ 股价大幅上升。当股价大幅上升后，成交量大幅增加，持股者普遍获利，一旦某天该股大幅上扬过程中出现卖单很大、很多，特别是主动性抛盘很大，反映主力、大户纷纷抛售，这是卖出的强烈信号。此时千万不要因贪心错失良机，要果断出手。

➢ 股市出现“日K线现十字星”。当股票呈现“日K线现十字星”时表明此时买方与卖方实力相当，而等时间一过，买方市场会转向卖方市场，此时投资者就会获利。

总的来说，家庭在投资股票时，首先，需要根据家庭经济实力作出判断，不能影响家庭正常生活；其次，在投资股票的时候，要选择适合自身的投资方式，并在合适的时机买进卖出股票；最后，要保持平稳的心态，理性投资。

基金投资技巧

基金是指为了某种目的而设立的并具有一定数量的资金，现在提到的基金主要是指证券投资基金。通常这些资金的来源是从众多投资者那里募集而来的，通过投资股票或债券来收取利益的。

基金投资有这样几个优点：首先，基金投资的最低限额较低，对投资者设置的门槛不高，投资者可以根据自己的经济能力决定购买数量。其次，基金获取的利益要比把钱存入银行高，风险又比投资股票低。基金在法律规定的投资范围内进行科学的组合，分散投资于多种证券，借助于雄厚的资金、不同投资对象之间的互补性和投资者众多的公有制达到分散投资风险的目的。最后，基金实行专家管理制度，这些专业人士一般具有丰富的证券投资经验，能够对基金的各种品种和价格变动作出比较正确的预测，提高投资成功率。对于一些没有时间、对市场不熟悉或者没有基金投资能力的中小投资者来说，能够避免自己盲目投资带来的风险。

基金是一种适合长期持有的理财产品，并凭着自身独特的利复利的方式让家庭获得较为客观的收益。一般来说，在家庭投资中会有这样几种基金选择，分别是：股票基金、债券基金、货币基金、指数基金。

- 股票基金：是指以股票作为投资对象的基金。它的收益方式是股票上涨的资本所得，与股票的变化趋势呈正相关。股票型基金相较于其他三种基金而言，风险性较高，同时收益性也较高。
- 债券基金：是指以债券作为投资目标的基金。它的收益方式主要是利息来源，收益较为稳定，由于受到债券市场价格的影响，还是具有一定的投资风险。
- 货币基金：是指以货币作为投资目标的基金。主要是货币市场上短期有价证券，如银行定期存单、商业票据等，一般稳定性较强，风险性也较小。
- 指数基金：是指通过购买一部分或全部的某指数所包含的股票来构建指数基金的投资组合，以取得与指数大致相同的收益率。操作简单，收益性高，成为家庭较为喜爱的投资方式之一。

基金投资越来越成为家庭财产投资管理的重要一部分，因此，家庭在投资基金时需要掌握一定的技巧，选择好投资方式。

1. 选择合适的赎买时机

家庭要想通过投资基金获得收益，就要选择合适的赎买时机。具体来说，有这样几个判断技巧：

第一，要看是否能达到理想的目标。一般家庭在投资时都会给自己设立一个预定收益目标，因此这个目标是判断赎买时机的一个标准。同时，为了避免意外，家庭在投资之前，也要设立一个最低的赎买价格，这个价格是自己能承受的最低价格，当然这个价格也是因家庭而异的。

第二，家庭在选择赎买时机的时候，需要考察和分析基金公司的投资回报率。如果投资回报率一直处于稳定状态，并达到中上游水平，那么家庭可以考虑长期持有。但多数家庭在投资基金时，经常出现这种问题，把基金操作当作股票操作，或者受“焦虑心理”的影响，在购买基金后，基金短期内价格稍微波动，投资者就会很恐慌。对于申购或认购赎回的基金，短期内最好不要赎回和置换，而应该看长期，要“放长线，钓大鱼”。

2. 选择合理的投资组合方式

虽然投资基金的风险要比投资股票的风险低，但是风险也还是存在的。家庭如果将所有的资金押在某一种基金上，这种投资行为十分冒险，一旦投资失败，那么家庭财产就会面临严重的损失。因此家庭要选择合适的基金组合投资方式，在一定程度上既能规避一些风险，又能增加相应的收益。具体说来，有这样几种投资组合方式：

（1）“532”投资组合

这是指 50% 用于投资股票型基金，40% 用于投资货币型基金，10% 用于投资储蓄型基金。这种组合方式适合风险承受能力较强、敢于冒险也爱冒险的家庭（如处于形成期的家庭）。因为投资组合中比重较大的股票型基金既能满足他们冒险的心理，又能获得较高的利益，而货币型基金和储蓄型基金又能分散投资风险。

（2）“442”投资组合

这是指 40% 用于投资股票型基金，40% 用于投资货币型基金，20% 用于投资储蓄型基金。这种组合方式适合风险承受能力尚可、收入稳定的家庭（如处于成长期的家庭）。这种投资方式能兼顾风险和收益，实现理财的目的。

（3）“334”投资组合

这是指投资股票型基金和货币型基金各占30%，投资储蓄型基金占40%。这种组合方式适合风险承受能力较弱，不敢冒险的家庭。一方面，这类家庭经济实力弱，最好以稳健的投资方式为主，因此储蓄型基金占较大的比重；另一方面，因为家庭想要实现财富的增长，因此股票型基金和货币型基金也占有较大的比重，满足家庭想要获得收益的愿望。

（4）“244”投资组合

这是指股票型基金投资占20%，而货币型基金和储蓄型基金各占40%。这种组合方式适合收入稳定、风险承受能力较弱，且日常开销较大的家庭。这类家庭要以稳健、变现方便的投资方式为主，因此具有高风险的股票型基金所占的比重较小，而较为稳健的、风险较低、变现方便的货币型基金和储蓄型基金所占的比重较大，既能满足家庭稳健投资的需求，又能获取一定的利益。

3. 基金定投

基金定投是许多家庭都会选择的一种基金投资方式，家庭只需要长期坚持每月投资几百块钱，就会获得一笔金额不小的钱。最常见的基金定投就是给子女储蓄一定的教育基金，等孩子读大学或出国留学时之用；或者家庭每月投一定的金额，储蓄养老金等，这种投资方式既能收获利益，风险又低。

债券投资技巧

债券投资是家庭在选择投资项目时的重点考虑对象，由于投资债券具有风险低、稳定性强、投资方式简单、不需要专业的理财知识等优点，迅速受到了家庭的欢迎。

一般来说，债券投资具有以下特点：

➢ 安全性：投资国债与投资股票相比，虽然收益比股票低一些，但债券胜在安全性高，债券持有人的收益相对固定，不随发行者经营收益的变动而变动，并可按期收回本金。

➢ 收益性：债券投资主要是靠利息来实现家庭财产增值的，投资者既可以收回本金，也能获得利息。其中储蓄国债利率固定，利息收入免征个人所得税，发行利率高于相同期限银行储蓄存款收益，收益最稳定。

➢ 流动性：债券一般都可以在流通市场上自由转让。国债流动性被认为是债券市场效率高低和完善与否的标志，也是政府进行国债管理和宏观调控的重要影响因素。一般来说，期限较长的债券通常流动性较差，在债券市场上交投最活跃的是短期债券。

➢ 通俗性：债券投资还有一个很大的特点，就是它不需要专业的理财知识，也不需要丰富的投资经验就能购买，因此受到家庭的广泛欢迎。

债券投资虽然有诸多好处，但不意味着任何人在任何时候投资债券，都能十拿九稳。因此，家庭在投资债券的时候，需要掌握一定的技巧，以便在债券市场既能收获利益，又能规避风险。

1. 选择债券的方法和技巧

因为债券的收益与市场利率相关，且成反比的关系，因此家庭在投资债券的时候，需要结合市场利率作出决定。家庭在选择购买利率最大和市场前景好的债券，而在卖出的时候，要选择利率最小和市场前景差的债券。

2. 选择合适的投资时机

好的开始，就成功了一半。家庭在投资债券的时候，要选择在最佳的时机买入。所谓的最佳买入时机是指：

- 赶在投资热潮前就买入债券，那么在热潮时债券价格会被抬升。
- 根据银行利率作出判断，因为银行利率与债券价格是成反比的，家庭在投资债券时可以先参考一下银行的利率，当银行利率上涨时，此时债券价格较低，家庭可适当买入，而银行利率下降时，此时债券价格也较高，这时候选择卖出，获得的利益也会更多。
- 根据物价作出判断，两者也是成反比的。当物价上涨时，人们会选择卖出债券，转而投资能够升值的产品上，所以家庭要在物价上涨前卖出债券，在物价下降后卖出债券，这时购买债券的价格也比较低，对家庭来说也很划算。

3. 采取债券组合投资方式

债券的类型多样，不同的债券类型所产的收益和风险不同。家庭在选择债券的时候，要根据资金情况、预期收益目标，以及风险承受能力来选择合适的债券类型。

对于家庭来说，采取债券组合的投资方式是最合理的，这种投资方式不仅保证了最大化地获取利益，还适当分散风险。例如，家庭想要获得较高的收益，想要冒险投资风险比较大的债券时，不妨分出一部分资金投资国债，挑战高收益的同时分散了投资风险。因为在所有债券类型当中，国债具有信誉好、利率优、风险小、收益最稳定的优点。

4. 比较一二级市场的收益率

家庭在投资债券的时候，要学会比较一二级市场的收益率。其中一级市场是发行市场，是资本需求者将证券首次出售给公众时形成的市场；二级市场是流通市场。

在一级市场上，债券是按照票面利率计算收益的，收益较为稳定；而在二级市场上，债券价格波动比较大，但在波动中又呈现出一定的规律性。投资者如果能够作出正确的判断，掌握这个规律，抓住最佳时机买入卖出，会比在一级市场上获得更多的收益。同时，家庭要根据市场利率作出精确的判断，当市场利率降低时，家庭要迅速地在二级市场买入债券；而当通货膨胀时，家庭要及时退出二级市场。这种对时机的准确把握需要家庭对债券投资有充足的知识、丰富的经验、独具慧眼，以及敏锐、果断的判断能力。

期货投资技巧

期货与现货完全不同，现货是实实在在可以交易的货（商品），期货主要不是货，而是以某种大众产品（如棉花、大豆、石油等）及金融资产（如股票、债券等）为标的标准化可交易合约。因此，这个标的物可以是某种商品（如黄金、原油、农产品），也可以是金融工具。

期货投资指在期货市场上以获取价差为目的的期货交易业务，又称为投机业务。投资者对于期货市场的正确预测，将会给投资者带来利益。相比于投资股票、债券、基金等理财产品来说，这一投资产品在家庭所占的比重较低。但是它仍然凭借自身独特的投资魅力，发挥着不同的作用。期货投资有其独特的魅力具体表现在以下几个方面：

- 以小博大：是指付出很小的成本来博取较大的价值，这是一种比较冒险的投资方式。在期货交易市场中，家庭只需要交纳5%～15%的履约保证金就可控制100%的虚拟资金。
- 交易便利：期货交易有一个很明显的优势在于，除了价格会随着市场出现波动之外，期货合约中的主要因素都有标准化的规定。例如，商品的质量、交易地点等都给出了具体、标准的规定，能够在家庭投资时，减少一些时间和精力。
- 交易效率高：期货交易一般在固定的场所，根据共同认可的程序和规则，通过公开竞价的方式使交易者在平等的条件下公平竞争。

期货投资对家庭来说，有诸多好处，但期货投资属于风险性投资，投资者的投机心理会加大价格波动的风险，同时，如果投资者保证金比规定的比例低或者行情比较极端时，投资者将会面临被迫平仓和爆仓的风险，有可能导致投资者亏空账户所有资金的风险。因此家庭在投资期货时，要掌握一定的期货投资技巧。

1. 轻仓操作，衡量风险

家庭在投资期货的时候要选择轻仓操作，即保证金占全部资金的 90% 及以上。家庭在投资前可将自己用于投资的资金分成十等分，保证每次在期货交易时最大的亏损额度不高于 10%，从而保住 90% 的本钱，这种方式在一定程度上能防范较大的风险。然后家庭再根据具体的市场交易市场调整自己的投资方向和策略，如果一直处于亏损的状态，那么家庭就要停止这笔交易。

张先生一直从事现货交易，有着丰富的现货交易经验，最近他发现期货投资势头良好，于是打算投资期货。

张先生认为自己虽然没有期货投资经验，但投资行业的走势和技巧万变不离其宗，凭借自己丰富的现货交易经验肯定没问题。于是他信心满满地投资了 20 万元。一开始，张先生并不急于交易，而是先熟悉行情，然后他暗暗地预测合约当日的最高价、最低价和收盘价。第一次张先生预测得十分准确，几乎没有误差。他觉得期货投资简直太简单了，于是满仓买入一份期货合约，想着这次自己肯定能赚一笔。可结果事与愿违，合约价格不但没有上涨反而下跌了，张先生没有进行交易，持仓过夜。后面几天，合约价格一路下跌，张先生还接到了保险公司的追缴保证金的通知。最终，张先生带着账户仅剩下的 2 万余元平仓离场。

从张先生投资期货的教训来看，家庭可以借鉴这两个经验：首先，期货投资经验不是一朝一夕就能累积的，“隔行如隔山”，投资者刚进入期货交易市场时，要抱着谨慎、良好的心态；其次，张先生在期货交易时还犯了一个严重的错误：满仓交易，使得风险大大地提高了。投资者要选择轻仓交易以降低风险。

2. 组合投资，分散风险

家庭在投资期货的时候，要选择活跃的期货，如螺纹钢、甲醛、豆粕、沪铜等。期货越活跃，交易也会越公平，获得收益的可能性也就越大。

选择合适的活跃期货，也要选择最佳的交易时间段。一般来说，一天内最佳交易时间在 9:15 ~ 14:25，而黄金交易时间在上午的 9:30 ~ 11:30。同时在投资期货时，为了分散风险，家庭可以选择不同的期货商品进行投资，而不同类的期货商品的价格波动大体是呈反向趋势的，这样能相应地减少风险。

3. 及时止损

家庭在面临投资期货失败、利益受损时，要及时止损。止损是投资市场的保命措施，当投资出现的亏损达到预定数额时，及时斩仓出局，避免形成更大的亏损。

当投资者发现自己对期货市场行情判断错误、期货产品选择不当，投资失败，导致本金开始缩水时，必须立即果断地将损失截断在一个较小的范围内，立即离开市场，静等下一次的交易机会。虽然损失了小部分的本金，但是也规避了资金大幅缩水的风险。

同时，家庭在投资时要长期保持一颗平常心，战胜恐惧和贪婪，制订合理的投资计划，并冷静地实施投资计划。这样才不会轻易被市场带跑，乱了节奏。

房地产投资技巧

房地产投资是指以房地产作为投资对象，为获得预期效益而对土地和房地产开发和经营，以及购置房地产等进行的投资。随着投资房地产带来的高额利润，吸引许多家庭投入到房地产投资之中。

对于中产阶层的家庭而言，投资房地产主要体现在购买公寓、住宅、商铺、写字楼等房产上。而人们热衷于投资房地产有以下原因：

第一，投资房地产可以获得双重收益。一方面，能够靠收取租金获得收益；另一方面，随着房价的不断上涨，房子本身也在不断地升值；使得家庭财产在无形间得到升值。

第二，房子是生活必需品，又是耐用品，为投资盈利赢得了较长的时间，在一定程度上也降低了一定的风险。

投资房地产有着较好的保值功能，更新换代时间较为缓慢，一旦投资得当，家庭会获得高额收益。一般来说，房地产投资的主要类别有以下几种，各有各的特点。

（1）按地段可分为市区房和郊区房

➢ 市区房：市区房交通便利，生活配套设施齐全，工作、生活方便。但空气质量较差、人口密度高、绿化率不高，同时市区房房价较高，一二线城市房价在百万甚至上千万，在小城市，一套房子也要几十万。

➢ 郊区房：生活配套设施不齐全，交通成本高，生活不太便利，郊区房基本只能自住，租售出去的机会比较少。但郊区房环境好、空气清新，人口较少、房价较低。

（2）按交付时间可分为现房和期房

➢ 现房：房价基本稳定，投资者能够实地看房，并了解到房子所在社区的实际情况，如各种配套设施是否齐全。投资者购买现房，可以马上装修入住。但是投资现房时，楼层、房型选择的余地较少，价格略高，优惠幅度较小，而且建筑时的隐蔽工程无法看到。

➢ 期房：把在建的、尚未完成建设的、不能交付使用的房屋称为期房。期房只能看到效果图，而且实物与效果图可能有一定的差距，市场行情与价格涨跌难以预测。投资期房的优势在于价格较为优惠，一般比买现房在价格上可优惠 10% 以上。另外，期房能够在买主很少的时候就抢占购买先机，挑选余地较大。

（3）按房产类别可分为住宅和商铺

➢ 住宅：住宅一般环境较好，也较为稳定，但在购买时需要衡量自己的收入水平和经济承受能力，一般分为一次性付款和分期付款两种形式。

➢ 商铺：投资商铺一般要考虑商铺地段、规模、价格、回报和使用率。商铺受政策影响较小，具有较高的投资潜力。在有发展潜力的区域内，商业气候尚未或正在形成中，是商铺投资的合适时机，投资者可以在较大的范围内进行商铺选购。

当然，任何投资都是有一定风险的，房地产投资也不例外。房地产投资的风险在于：首先，如果房产投资的地点选得不对，会面临难以租售的风险；其次，需要大量的资金，甚至需要家庭借钱、贷款才能买房，具有较高的成本和风险；再次，投资周期长，变现能力较差；最后，以家庭为单位的投资者在进行房地产投资时具有规模小、资金实力弱、信息不完全和专业知识匮乏等特点，这些决定了家庭房地产投资会有更高的风险。

因此，家庭在投资房地产时需要掌握一定的投资技巧，这样才既能规避一定风险，又能提升收益的稳定性。具体来说，有这样几种投资技巧：

1. 选择好地段

投资房地产最重要的是要选择好地段。一旦地段选得好，家庭简直可以“坐地起价”了。好地段具有这样几个特征：

第一，繁华。繁华的地段拥有的资源必定丰富，配套也更完善。吸引着越来越多的人前往工作、定居，这种地段随着人群的聚集自然发展更加迅速，价值也逐年递增。

第二，交通方便。路通即财通，围绕地铁口的核心格局逐渐形成，商业价值越发凸显。

第三，具有潜在价值，升值空间巨大。

一旦满足以上三个要素，那么家庭可以考虑投资，地段好，升值空间就大。无论是对于商品房还是商铺来说，地段决定着人气，而人气又能吸引到一些其他投资项目，无形中使得这些商品房和商品成为“风水宝地”。家庭在投资房地产的时候，尽量不要选择郊区房，虽然投资郊区房的成本要比投资市区房低得多，但是郊区房交通、设施、娱乐等各方面的不通达，使得房子难以出售或出租。但随着经济的发展，周边地区也在不断开发，如果家庭在投资郊区房上面有“先见之明”，预见了该地区在未来的经济发展情况，也可以购买。

2. 选择最佳投资时机

家庭投资房地产，要选择最佳投资时机，切忌盲目跟风，使得投资结果得不偿失。一般来说，开盘初期的时候，开放商会推出一系列优惠活动，此时是投资的好时机，能够相应地减少一些投资成本；家庭投资房地产的目的也是赚钱，因此房价上涨的时候是卖出房子的好时机。尤其近年来，房价不断上涨，家庭投资房产，基本是稳赚不赔的生意，但仍然需要谨慎。

3. 学区房不可错过

近年来，学区房成为房地产投资的热潮，随着国家对房地产的调控，学区房的投资优势日益凸显。学区房能够给孩子提供更好的学习环境，而且这类房产一般都交通便捷、安全，配套设施已经完善，最重要的是，投资学区房能够做到教育、房产双投资，升值空间大。

因此，家庭在投资学区房时，基本是坐收“渔翁之利”。但在投资学区房时，还有这样一些技巧。首先，家庭在投资学区房时，需要清楚这一点：不是说房子在学校周边，就是学区房。很多时候，即便买了学校周边的房子，但由于考虑到教育资源的合理分配，还是不能享受去学校读书的权利；其次，学区房注重实际名校效应，有些小区会租借名牌学校的名号来联合办学，但这和实际名校千差万别；最后，在投资学区房时，需要了解一下当地最新的学区房政策，因为很可能你花大笔钱投资学区房后，由于不了解最新学区房政策，发现此时的学区房已经降成了普通学区房。

4. 多元投资，分散风险

房地产投资一般会耗费家庭很大一部分的资金，而且房价也不会永远呈上涨的趋势。因此，家庭在投资房地产的时候，需要多元投资，分散风险。例如。家庭可以选择投资能长期稳定发展的房产（如公寓）；家庭还可以选择搭配一些其他投资项目，分散风险，又能获得一定的收益。

王先生 35 岁，妻子 33 岁，女儿 8 岁，夫妻两人都在事业单位工作，年收入都在 10 万元左右，享有“五险一金”。

目前，夫妻两人名下有 3 套房产，1 套在市区，另外 2 套在郊区，他们每年能收获租金 36000 元，每月需要还贷 1 万元。家庭每年的日常开销在 5 万元左右，孩子的教育费用每年在 1 万元左右，养车费用每年 8000 元。

今年，夫妻两人打算要二胎，但王先生觉得二胎会带来一定的经济压力，于是他们打算变卖一处郊区房产，并将变卖的钱给孩子购买教育保险和给自己购买意外伤害保险，并拿出一定的资金购买股票型基金或基金定投的方式来获取利益，分散风险。

艺术品投资技巧

在家庭财产投资的管理上，艺术品投资开始成为中产阶级家庭的“新宠”。艺术品投资具有集经济性和高雅性于一体的双重属性，凭借自身的独特魅力越来越受到家庭的关注。目前，中国成为仅次于美国的全球第二大艺术品交易市场，艺术品投资成为当下火热的投资项目。

艺术品投资具有以下几种优点：第一，风险小。尤其和股票投资、期货投资比起来，艺术品具有极强的保值功能，投资的风险要小得多。第二，升值空间大。艺术品具有审美性、稀缺性和不可再生性，使得艺术品弥足珍贵，有较大的升值空间。第三，具有极高的审美价值。家庭在投资艺术品时，不仅能获得经济价值，还能获得美的感受，陶冶情操，带来精神愉悦。

艺术品因其独特的经济价值和艺术价值，艺术品投资备受人们的青睐。一般来说，艺术品的投资热门包括以下几大类：

- 书画投资：是指具有升值前景的书画创作，有古代的，也有现代的。其中古代书画以其自身的质与量的优势，越来越呈现出艺术市场硬通货的属性。例如，北宋张择端的《清明上河图》、王羲之的行楷《兰亭序》等，具有极高的文化价值和历史价值。许多经济实体通过购买书画艺术品进行合法避税，抵御通货膨胀、局部经济危机等造成的资产减值风险。
- 珠宝投资：珠宝主要是指钻石、玉石、蓝宝石等。珠宝不但是优美的饰品，还是一种特殊的财产。投资珠宝能够有效地实现家庭或个人资产的增值，并能够将财产长期、永久地储藏。例如，2017 年 4 月 4 日拍卖的一款名叫“粉红之星”的重达 59.60 克拉的粉色钻石拍出了 4.90 亿人民币的高价，刷新了全球钻石拍卖纪录。

➢ 古董投资：古董主要包括雕刻品、邮票、漆器、瓷器、玉石等，具有极高的艺术鉴赏价值。购买和收藏古董文物不但是资金保值的重要途径，而且会得到很高的利润。

家庭在投资艺术品的时候需要掌握一定的技巧。要让投资变得更有价值，家庭可以在以下几个方面做出努力：

1. 掌握一定的艺术品鉴赏知识

艺术品因其巨大的文化价值、艺术价值和经济价值，成为投资者的新宠。在巨大的社会需求和艺术真品的稀缺性冲突下，并由于艺术品鉴别门槛高、艺术品鉴定行业缺乏管理，以及对艺术品制假事件打击力度不够等各种原因，恶意大量制售假艺术品的现象长期存在并成严峻发展态势。

因此，家庭在投资艺术品时，能够较系统地掌握艺术品鉴赏的知识和修养，市场、收藏管理的专业理论知识，以及了解视觉艺术产业和艺术品市场的基本规律。

收藏大家王健林曾经说过："看得多了，慢慢就明白了。20 多年前，我什么也不懂。收藏不是瞎选的，而是要长期发现，觉得它有走高的可能性，才会全力去推。"

从王健林的艺术品投资经验中可以知道，艺术品投资除了要多看、多研究之外，还要靠着对艺术品的喜欢和热情。只有同时做好这两点，才能在艺术品投资上坚持下来，并在艺术品投资市场上得心应手，获得较好的投资收益。

上海的万女士看着艺术品投资市场大热，也凭着自己对艺术品的一腔热爱，王女士开了一个古玩店，经常各地奔波想淘到"精品"。由于万女士自己对艺术品一窍不通，是艺术品投资市场的"新人"。于是万女士聘请了一位"专家"作为顾问，除了每月给这位顾问开工资之外，万女士还给其提成，"专家"每淘到一件"宝贝"，就能获得额外的奖金。但事与愿违，万女士请来的这位顾问根本就不是什么专家，不过是替人介绍买卖，然后从中赚取差价，而经由这位“专家”过手的宝贝也都是一些冒牌货。3年来，万女士损失了超过50万元。

从万女士的失败的艺术品投资经验来看，艺术品投资要做到不盲从，自己就要具备一定的鉴赏力和判断真伪的能力，一旦对艺术品失去判断能力，那么相应地就会承受更高的风险，很容易被市场上哄抬的价格所套住，得不偿失。

2. 谨慎投资，量力而行

一般来说，艺术品投资少则几千元，多则几十万甚至成百上千万元。家庭在投资艺术品的时候，要根据兴趣爱好和家庭经济能力来选择合适的艺术品，并随时关注艺术品市场的价值动向及变化趋势，不可脱离艺术品市场需求偏好盲目投资。

对于家庭艺术品投资来说，最好是投资中等名家的作品。一方面，价格在家庭能够承受的范围之内；另一方面，中等名家作品质量较好，升值空间也比较大。在确定艺术家之后，家庭就要确定去投资该艺术家的哪些艺术品，此时就需要投资者有较高的文化素养和较高的艺术鉴赏能力，能够在众多作品中找出升值空间最大的、有独特艺术魅力的艺术作品。例如，家庭打算投资字画，在选择购买的时候，相应地请教一下周围懂得鉴赏字画的朋友，甚至请教专家的意见，但最主要的还是靠自身去摸索，多研究、提高鉴赏力和判断力，以提升投资的稳定性和准确性，不要被“艺术品”背后的故事所忽悠。

另外，有些家庭盲目跟风投资艺术品，不惜从银行办理按揭贷款。一旦出现违约，艺术品便面临被担保机构收回的风险。投资艺术品本身就是一种量力而行的行为，借贷购买艺术品违反了这个根本的原则。

艺术品投资在国内还没有完善的监管系统，无法全程跟踪艺术品的流通过程。同时，如果把艺术品质押给银行进行融资，银行必须对艺术品进行估值，但由于对艺术品的估值缺乏有法律承认的鉴定体系和身份证明资料作为保证，因此希望通过质押艺术品从银行融资难度较大。

3. 兴趣至上，从心出发

家庭在投资艺术品这个兼具艺术性和经济性于一体的产品时，兴趣很重要。一个人对艺术品有兴趣，其兴趣与自己的审美基本是保持统一的。有的家庭在投资字画时，虽然对现代字画很感兴趣，但认为“时间越久远，字画越值钱”。如果家庭被这种思想绑架而无视自己对现代字画的喜爱，那么在艺术品投资方面是做不长远的。因此，在投资字画这种特殊属性的商品时，兴趣是最好的老师。当投资者对字画感兴趣时，就会主动研究，通常对某领域有兴趣的人，也会有着常人不具备的眼光和创造力。

王先生出生书香世家，从小就对艺术品字画等很感兴趣，平时也花了大量时间在研究字画上，也收藏了好几幅古代名家字画，现在价值数以千万计。王先生不但收藏了古代字画，对现代字画也有浓厚的兴趣，比如，他对周春芽的《绿狗》系列就很感兴趣，他认为风格虽然迥异于传统字画，但带有一种创造性思维。经过多年的字画投资，王先生拍卖了两幅收藏已久的字画，一幅古代字画，一幅现代油画，获取了300万元的高额利润。

从案例中来看，王先生不仅收藏古代字画，而且对现代字画也感兴趣，并赚取了高额利润。从王先生的经历来看，兴趣对投资者选择艺术品大有裨益。他对字画有较高的欣赏水平，在看到字画的瞬间，能够意会到作品的创造性思维，领略到常人不能“看见”的美。

4. 注重系统性，关注文创作品

从现有的投资者累积的经验来看，艺术品投资强调系统性。家庭在投资艺术品时，是要有投资方向和投资重点的。因为艺术品投资要求的是“精”而不是“广”。所以，家庭可以围绕一个流派或某个艺术品类别进行投资。例如，家庭投资印象派艺术品，就要钻研印象派作品的特点及热门作品，并了解当今热门的印象派艺术家和其上乘作品。家庭在投资的时候，不能抱着侥幸的心理，投资要投“真品、精品”，别被“艺术家”的名头给骗了；另外，艺术品投资注重系统性还表现在：家庭在投资艺术品的时候，不仅要关注艺术品本身，还要积极关注艺术品版权和其周边的文创作品，往往它们比艺术品本身更有价值。

第七章 家庭退休养老管理

由于中国养老政策的不确定性，以及养老机构的稀缺，养老已经成为家庭的一个“痛点”。

同时，随着“421”家庭结构的形成，导致一对夫妻要赡养四位老人，即便是对于经济状况良好的中产阶层家庭而言都是很大的负担。因此，在年轻的时候就要做好家庭退休养老管理，不仅为夫妻双方退休后的稳定、良好的养老生活提供资金支持，更重要的是为下一代减轻养老负担。

你需要多少钱养老

现代社会生活成本大幅增加，对于每个人来说，在不拖累下一代的前提下，晚年能够过一个稳定、物质条件良好的养老生活并不是一件容易的事情。因此，在建设家庭、积累财富的同时，要做好家庭成员的退休养老管理，提前为退休后的养老生活做出资金储备和规划。

那么，为了储备退休后的养老费用，我们该怎么做？

1. 计算养老金额

家庭在计算养老金总额时，要从三个方面考虑：第一，日常开销。参照目前夫妻双方的生活水平，把物价涨幅和通货膨胀纳入考虑范围，预估退休到死亡的时间和退休后的日常生活开销额度。第二，医疗费用。医疗费用是家庭养老费用的最大支出项目。家庭成员在年老时，身体素质极限下降，面临各种疾病的威胁。因此，医疗费用是一个家庭不得不面对的现实。家庭要为医疗费用尽可能多地准备资金。第三，兴趣爱好。家庭成员的精神生活是否丰富，也影响退休后的生活质量。而家庭成员的精神生活反映在他们的兴趣爱好上。因此，为退休后的娱乐活动、兴趣爱好准备资金，也要纳入养老金额的计算之中。

李先生今年 35 岁，预计 60 岁退休，而当前生活费每月为 4000 元，预计自己活到 80 岁，那么李先生就需要准备 20 年的养老金。如果考虑退休后每年 10% 的通货膨胀率，那么李先生在退休的第一年开支为：0.4×12×(1+10%)=5.28 万元，而第二年则是 5.8 万元，以后每年递增。虽然李先生已经购买了医疗保险，但考虑到医疗保险只能报销一部分的医疗费用，所以李先生为自己准备了30万元的大病医疗费用。另外，李先生喜欢旅游，但忙于工作，一直没有时间，所以他打算退休后的前10年，每年都要出国旅游2次，为此他准备了20万元的旅游资金。那么，李先生可以根据退休后的这些养老费用计算养老总额，现在就要有针对性地做好养老管理。

2. 计算国家基本养老金

基础养老金又称社会性养老金，它是退休人员基本养老金的重要组成部分。在缴费年限相同的情况下，基础养老金的高低取决于个人的平均缴费指数。居民基础养老金只能保障居民的最基本的生活需求。

假设李先生25岁入职，55岁正常退休，活到了80岁，每月税前工资10000元，工作期间养老保险一直按北京市规定的个人缴8%、企业缴20%的比例正常缴纳，从未间断。假如，北京市上半年在岗职工月平均工资为6463元，李先生个人账户中有5万元，本人平均缴费指数为0.5。那么，李先生的基础养老金为：$6463\times(1+0.5)\div2\times(55-25)\times1\%=6463\times1.5\div2\times30\times1\%=1454$元。个人账户养老金为50000/139=359.79元，李先生退休后的月基本养老金为1454+359.79=1813.79元。

3. 测算目前需达到的储蓄额

除了基础养老金之外，还需计算既得养老金，它主要包括上面提到的基础养老金、企业年金以及团体补充养老保险。而一个家庭所拥有的包括存款、房产等资产，只要没有锁定为养老金用途，就不能算作既得养老金。

家庭在测算目前需达到的储蓄额时，首先计算出养老金总额和国家基本养老金，如果已经购买了商业养老保险和具有企业年金，那么预估出这两种既得养老金来源所能提供的养老金额。最后将养老金总额减去国家基本养老金、商业养老保险和企业年金，剩下的金额就是需要家庭达到的储蓄额。

银行类理财产品投资规划

中国家庭对银行有着独特的信赖感，与此同时，他们也对银行理财产品有着诸多好感。一方面，由于银行具有良好的信誉、安全性高，人们对银行具有高度的信任感，连带对银行类理财产品的比较信任；另一方面，银行类理财产品操作方便，投资稳健，风险性小，又能获得一定的收益。

银行类理财产品是指商业银行在对潜在目标客户群分析研究的基础上，针对特定目标客户群开发设计并销售的资金投资和管理计划。在理财产品这种投资方式中，银行只是接受客户的授权管理资金，投资收益与风险由客户或客户与银行按照约定方式双方承担。

银行类理财产品主要包括两大类：一类是固定收益产品；另一类是浮动收益产品。

（1）固定收益产品

银行的固定收益类产品主要分为两类：一类是商业银行自己发行的理财产品；另一类是代销其他金融机构的理财产品，其中以证券公司产品为主。

银行的固定收益产品有私人债券、企业债券、国家债券，还有各种类型的证券、基金等产品。要注意的是，银行的定期存款不属于银行的固定收益产品。

这类银行固定收益类的理财产品收益稳健，获得较高的投资理财收入同时也可以将投资风险降低到最小，适合风险承受能力较弱以及各类不便理财产品投资或高风险投资的人群。

（2）浮动收益产品

浮动收益产品指由投资人出资，由具有专业能力的管理人管理的理财产品，如投资未获利，则投资人亏损资金；如获得收益，则投资人和管理人按一定比例分配收益（一般行规是2/8分，即投资人获得80%的超额收益，管理人获得20%的超额收益）。

浮动收益产品基本没有任何措施保证本金安全。浮动收益产品又分为：保本浮动收益产品和非保本浮动收益。前者适合中等收入、风险承受力较强的家庭，它的理财产品主要包括银行的保本浮动收益理财产品和保本的公募基金；后者适合高等收入，风险承受能力强的家庭，它的理财产品主要是指投资，如天使投资等。

家庭在为退休养老做打算的时候，可以根据养老资金要求和家庭实际情况，投资合适的银行类理财产品。在保证家庭资产安全的基础上获取稳健的收益。

具体来说，家庭要想做好银行类理财产品，需要进行如下投资规划：

1. 退休前银行类理财产品投资规划

在投资银行类理财产品的时候，需要平衡好风险，兼具投资固定收益产品和浮动收益产品。既能控制风险，又能获得稳定的收益。家庭在银行类理财产品的组合规划，最好以固定收益产品为主，浮动收益产品为辅，以稳健地实现家庭理财目标。

江先生，42岁，是某大学经济学教授，还担任了一家上市公司的经济顾问。妻子袁女士，38岁，是一家公司的会计。两人育有一子，15岁，读初中三年级。

江先生家的家庭收入情况如下：江先生税前月薪1.5万元，年度奖金2万元；当经济顾问，一年收入10万元左右。妻子税前月薪6000元，年度奖金1.2万元。两人名下财产有：一套价值140万元的房子，没有贷款。活期存款50万元；江先生夫妇打算送孩子出国留学，读完博士再回来。另外，夫妻二人设定退休后的生活费至少保持在当前生活费的70%，同时为退休后的大病医疗费用预留出50万元。这样才能保证有个较为富足的退休生活。

从当前江先生家的收支情况来看：收入良好并且稳定，家庭生活富足，且正处于家庭成熟期，家庭资产得到迅速的积累。根据江先生家的理财目标和养老规划，比较适合的投资规划组合方式是：30%的资金采用定期定额的方式投资浮动收益类产品，60%投资固定收益类产品，10%的预留金。

江先生家有50万元活期存款，需要拿出5万元左右作为家庭应急备用金，并拿出15万元投资保本浮动收益类产品，既能保证流动性，又能保证一定的收益。考虑到江先生家对孩子教育方面的支出和对退休养老生活水准的要求，可以拿出30万元投资固定收益类产品，保证财产的安全性。

2. 退休后的银行类理财产品投资规划

夫妻两人在退休以后，如果手头上还有一部分的闲置资金，在不影响家庭日常生活的前提下，可以将这一部分资金拿来投资银行类理财产品。考虑到这个时期夫妻两人的收入降低，没有足够的体力和精力打理理财产品。因此，这个时期在投资上应该选择变现容易，风险低、交易方便的产品，同时考虑到退休后夫妻双方的身体状况不稳定，病痛增多，随时需要大笔的医疗资金，因此，建议投资中短期的理财产品，提高资金的应急性。

经过这种综合考虑，建议投资银行固定收益类理财产品。比如，交行得利宝稳添利型产品，该产品风险等级评定为最低级 1 级，产品标注保本固定收益兑付。

王老先生，62 岁，老伴儿 60 岁，两人都已经退休。两人每个月的退休工资加起来有 4500 元左右，每月生活开支在 2500 元左右。老两口目前有存款 15 万元，老家有一套房子，价值 40 万元左右。为了能给儿女减轻负担，老两口打算将手里的这笔存款利用起来，获取一定的收益，提高养老的生活水平。

但老两口本身对理财投资不懂，而且也没有精力和能力，出于对银行的信任，老两口打算购买银行类理财产品。

王老先生夫妻俩听取银行工作人员的建议，选择了银行固定收益类的理财产品，购买了国债、债券型基金和货币型基金，风险较低，又能获得比银行存款更高的收益。

同时，王老先生夫妻俩还购买了信托理财产品，一方面能获得较为稳定的收入，另一方面王老先生考虑到自己不善于理财，不知道如何对资金进行打理，信托理财刚好解决了王老先生这两方面的顾虑。

商业保险投资规划

在家庭退休养老管理中，商业保险投资规划有着重要的价值和作用。很多家庭可能觉得单位购买了社会保险就足够了，可事实并非如此，社会保险只是提供最基本的生活保障，一旦家庭遭遇意外伤害、重大疾病，社会保险的作用就微乎其微了。

比如，社会医疗保险能够保险的额度不高，但如果购买了商业医疗保险，在遭遇重大疾病，花费巨额医疗费用的时候，商业保险就能分担大部分的医疗费用，极大地减轻了家庭的经济负担。

商业保险是指通过订立保险合同运营，以营利为目的的保险形式，由专门的保险企业经营。商业保险关系是由当事人自愿缔结的合同关系，投保人根据合同约定，向保险公司支付保险费，保险公司根据合同约定的可能发生的事故因其发生所造成的财产损失承担赔偿保险金责任，或者当被保险人死亡、伤残、疾病或达到约定的年龄、期限时承担给付保险金责任 。

商业保险主要包括三大类：财产保险、人寿保险、健康保险。家庭在进行商业保险投资规划时，需要做好以下几点：

1. 全面保险

家庭在做商业保险投资规划时，要进行全面考虑。首先，投保范围要全面。家庭所有成员的保险投资都要考虑到，并根据家庭成员的不同需要选择不同的商业保险。例如，对孩子来说，重要的商业保险有教育金保险；对老人来说，重要的有重大疾病保险，对工作中的夫妻双方来说，健康保险和意外保险较为重要。

其次，在不同的家庭生命周期，家庭保险需求也会发生相应的变化。例如，在家庭空巢期，需求的是年金保险、财产保险和用于财产传承类的保险等；在家庭离巢期，夫妻双方已人到中年，更多的是考虑身体健康以及养老，这个阶段可以考虑购买医疗保险、意外伤害保险、养老保险。因此，家庭在进行商业保险投资规划时，要根据家庭成员需求和家庭生命周期在每个阶段的特点选择合适的商业保险，并制订具体的投资计划。

张先生，40 岁，是一家外企的高管，年收入 20 万元，公司买有五险一金。妻子王女士 38 岁，是一家私企的会计，年收入 8 万元左右。两人婚后生有一女，13 岁，在上初中一年级。张先生和妻子收入稳定，日子过得较为富裕。张先生夫妇有一套价值百万的房子和 30 万元左右的车子，贷款已经还清，家里基本上没有什么负债。为了能够有一个幸福的晚年生活，张先生夫妇打算为退休养老做准备。在商业保险方面，张先生购买了养老险 + 万能险，等到年满 60 岁，每年可以按照保额的 25% 领取养老金，直到生命终结止。同时，张先生还购买了重大疾病保险和医疗保险。

从张先生家的情形来看，正处于家庭成长期，事业正趋于稳定，家庭收入也在不断增加，家庭出现财富累积现象。张先生家目前基本不存在负债压力，有充足的条件可以准备养老金，这时候对张先生家庭来说，选择万能险无疑是很好的选择，到了退休后就可以按照保额的 25% 领取退休金了。同时，张先生要尽早投保重大疾病医疗保险，超过 55 岁，即过了投保年龄，就不能再投保了。

商业保险的优势在于能够想人之所想，急人之所急，能够提前规划好以后的生活。对于规划退休养老之后的生活，人寿保险是大多数人选择的保险之一，安全稳健，又能带来保障。

2. 保险额度适当

从整体来看，购买商业保险的资金比例一般占到家庭财产的 10% 左右，具体依家庭情况而定。因为商业保险类型多样，而每种保险的保障额度也是不同的，家庭在做规划的时候，需要注意保障额度，将其控制在一个合理的范围内。例如，意外伤害险属于定额给付保险，保险期一般不超过 1 年，保险金额最低为 1000 元，最高为 100 万元。家庭则要根据实际情况，确定合适的投保额度。

3. 筛选性价比高的保险产品

家庭在做商业保险投资规划时，要选择性价比高的保险产品，这样不仅能获得收益，还能相应地减少家庭在保险方面的支出。

目前市场上，性价比高的保险产品有慧馨安少儿定期重大疾病保险，这是保障少年儿童的保险品种，最高保额为 60 万元，具有保额高、保费低等优点。在重大疾病保险上，弘康健康一生重大疾病保险A款的性价比也较高，缴费年限一般在20年左右，而保障期限则至70岁，甚至是终身。

陈先生，35岁，外企总监，年收入30万元。妻子林女士，32岁，教师，年收入在10万元左右，两人单位都购买了社保。两人婚后育有一子，3岁，在上幼儿园。

陈先生家的情况如下：每年日常花费在8万元左右，目前有20万元的房贷，银行存款15万元，股票、基金等投资理财产品共计10万元左右。

最近，陈先生父亲不幸患上了重大疾病，虽然陈先生父亲有社会保险，分担了一部分医疗费用，但是大多数费用还是需要陈先生来负担。在支付了高昂的医疗费用之后，陈先生和妻子都意识到商业保险的重要性，准备给自己购买商业保险，为他们以后的退休生活提供更多的保障，也为他们的下一代减轻赡养压力。

从陈先生当前家庭情况来看，夫妻两人收入较为不错，目前家庭面临的压力主要是房贷。陈先生家庭稳定、较高的收入情况和良性的负债情况，为陈先生夫妻购买商业保险提供了资金支持。

首先，考虑到陈先生较大的工作压力和经常出差带来的风险，可以为自己购买意外险和重大疾病保险等；妻子林女士工作稳定，工作环境比较单纯，可以考虑为妻子购买重大疾病保险。

其次，为了实现养老需要，陈先生还需要为自己和妻子购买年金保险、定期定额保险。每个月往账户投入一定的资金，如500元，购买20年，留作退休养老之用。

最后，李先生为孩子购买了教育金保险和意外伤害险，一方面保障孩子的读书需要，另一方面考虑到孩子年纪小，自我约束能力差，不能有效避免危险活动，同时社会上交通环境复杂，容易出现各种交通事故，因此购买意外伤害险也是必不可少的。

健康投资规划

健康投资是指家庭成员为了身体健康而进行的如运动、医疗、保险、体检、购买营养品等在金钱和时间上的支出。

对于年轻人而言，健康的身体是实现梦想、快乐工作和生活的前提。尤其是中年人，处在“上有老，下有小”的处境中，背负着经济和精神的双重压力，因此更要注重身体的健康。对于老人而言，健康的身体是获得稳定、富足的退休养老生活的前提，是给下一代减轻负担的有效方法。因此，家庭在退休养老管理阶段，除了要准备充足的养老金，还有一个很重要的规划，就是对健康的投资规划。

很多人在年轻的时候，往往牺牲身体健康去获得财富；在年老的时候，又得牺牲财产去赢得身体健康。所幸的是，家庭对健康投资的意识越来越强，但付出的程度尚且不够。

因此，健康投资规划对于自己和家庭都是一项值得去做的事情。家庭在做健康投资规划时，要从以下几个角度去考虑：

1. 多运动

家庭成员在退休之后，忽然间从工作岗位上退下来，可能内心空虚，精神消极，反倒不利于健康。这时候，老两口就要学会自己“找乐子”，找到适合自己的运动方式。例如，老两口可以早晨起来去公园练练太极拳，跳跳广场舞，加入一些老年社团，如登山社团、旅游社团。

老年人积极地参加各种团体运动，能够结交到更多的老年朋友，避免因缺乏子女陪伴造成的孤单。丰富的娱乐活动也让老年人的精神生活得到充实，对生活有了更多的期盼。

中年夫妻在工作之余，不能抱着手机或电脑玩游戏或者看剧，而是需要抽出时间进行锻炼。比如，跑步、骑自行车、瑜伽。通过运动加强身体锻炼，增强免疫能力。在闲暇的时候，夫妻还可以组织家庭所有成员一起进行打羽毛球、游泳、登山等有氧运动，既锻炼了身体，也促进了家庭成员之间的情感交流。

2. 定期接受检查

检查不仅包括定期体检，同时还包括定期做心理检查。在当今社会这种的巨大的工作压力和生存压力的影响下，中年人的心理状况都不是很乐观，有可能因为巨大的压力导致崩溃。

因此，中年人定期去专业的心理疏导机构做心理检查能够有效地防止心理疾病的产生，当产生心理疾病时，不能讳疾忌医，而是要主动向身边亲人求助。如果心理疾病比较严重，要及时在心理疾病治疗机构就医。

体检是家庭非常重要的健康投资项目，通过体检一方面能了解自己的身体状况，预防疾病的恶化；另一方面，如果一些疾病或癌症显现出来，家庭成员也能及时做好准备，及时入院治疗，保证身体的健康。

体检项目包括三大类，分别是体格检查、辅助工具检查和化验检查。

➢ 体格检查：包括外科、内科、妇科等。

➢ 辅助工具检查：如心电图检查、脑电图检查、CT 检查等。

➢ 化验检查：包括血常规、肝功能、肾功能检查、血糖检查。

另外，每个体检项目有着不同的要求和注意事项等，有的体检项目针对的人群也不同。例如，做 CT 检查之前，要禁食禁水等，以免影响检查的结果。家庭体检是保障自身健康很重要的项目，因此家庭要舍得投资，尽量保证半年就去检查一次。尤其家庭成员感觉自己无缘无故出现体重下降、胸闷气短、盗汗等状况时，要及时体检，以了解自己身体是否出了状况，为健康做好保障。

3. 购买营养品和健康报刊

家庭在日常生活中，获取健康信息的来源很多，其中一部分健康信息是商业因广告需求发布的，一部分是非专业人士根据自己的经验发布的。这些健康信息由于缺乏有效监管，不足以取信。同时，因为个人在健康知识方面的局限性，无法判断这些信息的准确性。因此，家庭需要购买专业的报纸、杂志、图书等，学习健康知识。

同时，营养品也不可或缺，每个人的身体素质都不同，所缺的营养也不尽相同。例如，女性因为其自身的生理因素，很容易出现血气不足的情况，对于女性而言，补充气血的营养品是首选。由于老年人钙质流失较快，抵抗力较差，补充含钙质的营养品和豆类制品对老人的健康有益。

4. 购买健康保险

健康保险又分为医疗保险、疾病保险等，主要指社会基本医疗保险和商业医疗保险。对于家庭来说，可以在社会保险的基础上，进一步购买商业医疗保险。商业医疗保险保障水平较高、类型多样，家庭可以根据实际情况进行选择。

王先生，45岁，公司经理，月收入10000元；妻子张女士，40岁，是一名中学老师，月收入6000元。两人婚后育有一女，14岁，上初中二年级。

王先生平时工作太忙，经常需要加班，今年，张女士带初三，压力大，工作也很忙。忙碌的生活让两人都没有时间关注自己的身体。在一次加班后，王先生晕倒了，去医院检查，才发现身体已过度透支，状况十分差。

这时王先生才意识到了健康的重要性。他给家庭成员安排了这样的健康投资规划：

首先，王先生订阅了有关健康方面的杂志，学习养生、保健的专业知识。王先生考虑到孩子现在正是长身体、长身高的时候，还买了一套食谱，帮助妻子在准备三餐的时候荤素搭配、合理安排。

其次，他买了维生素等一些营养品，维持身体正常的营养需要，一年大概花费3000元。王先生考虑到自己没有太多的时间去健身房，于是买了健身器材放在家中，方便自己随时运动。

再次，王先生还为家庭成员制订了体检计划。一家三口每半年做一次体检，王先生和妻子每个季度都会去专业的心理机构做心理疏导和压力排泄。

最后，王先生根据家庭成员的情况购买了健康保险。王先生考虑到自己和妻子是家庭主要的经济来源，夫妻一旦出现什么状况，会给家庭带来重大的灾难，于是王先生为自己和妻子都购买了人寿保险和商业医疗保险。

从以上几点来看，王先生所做的健康投资规划较为合理，涵盖了健康投资规划的各个方面。如果按照计划实行，那么王先生及其家人会拥有健康的身体。

第八章
家庭财产分配与传承管理

伴随着家庭财富的积累，家庭成员之间关于财产如何分配发生了很多纠纷，甚至反目成仇。因此，本章将从遗嘱、赠与、保险、慈善基金、家族信托这五种财产分配与传承的方式出发，指导家庭做好财产分配与传承的管理。

遗嘱

当有家庭成员去世时，对于他遗留的财产的分配方式便成为其他家庭成员都关心的一个问题。甚至家庭成员之间会因为抢夺遗产“大打出手”，亲人反目。出现这种现象的原因不仅是因为家庭成员对财富的欲望和贪婪，更因为家庭预先立下遗嘱的意识不强，也没有充分认识到遗嘱的重要性。

遗嘱是指遗嘱人生前在法律允许的范围内，按照法律规定的方式对其遗产或其他事务所作的个人处分，并于遗嘱人死亡时发生效力的法律行为。即把财产的分配和归属权等问题在遗嘱里都规定得清清楚楚，而遗嘱本身的法律效力能最大化地避免遗产纠纷。遗嘱是在家庭财产分配和传承管理中较为基础的一个财产分配工具，简单方便，清晰明了，在遗产分配方面有着重要的作用。

一般来说，遗嘱有以下四种形式，分别适用于不同的情况。

1. 公证遗嘱

公证遗嘱是指具备完全民事行为能力的遗嘱人生前订立并经公证机关公证而设立的遗嘱。办理公证遗嘱须由遗嘱人带上身份证、户口簿、财产凭证、本人亲属关系证明及相关的婚姻状况证明，亲自到公证机关口述或书写遗嘱，并通过公证人员的审查，确定遗嘱有效，出具“遗嘱公证书”。另外，办理公证遗嘱要求遗嘱人立遗嘱时神志清醒，没有被迫或被欺骗，而且公证遗嘱的变更和撤销也须经过公证机关。

公证遗嘱是证据力较强、效力最高的一种遗嘱形式。如果遗嘱人先后立了多份遗嘱，以最后所立的遗嘱为准，但任何遗嘱都不能和已经公证过的遗嘱相抵触。

张老太太有两个子女，由于工作繁忙，没有时间去照顾老母亲。所以给老母亲请了一名保姆小王，照顾她的起居生活。张老太太也很喜欢这个年龄不大的小保姆，两人相处起来很投缘。张老太太感念小王的悉心照料，于是在遗嘱里将自己所有的银行存款分配给了保姆小王。

张老太太去世后，经过统计，发现她名下有一套价值 80 万元的房产，还有 5 万元的银行存款。小王拿着张老太太公证过的遗嘱，要求继承 5 万元的银行存款。但张老太太的子女质疑这份遗嘱的真实性，他们一致认为张老太太健忘、糊涂，不具备立遗嘱的能力，这份遗嘱是保姆小王哄骗老母亲立下的。双方就张老太太的遗产继承问题对簿公堂。经过司法调查，法院从公证机关调出了公证书的备案文件，显示张老太太在立遗嘱时已经做过精神状况的谈话笔录和录像资料，公证处作证张老太太立遗嘱时神志清醒，精神状态符合立遗嘱的条件，并没有被小王哄骗的现象。因此认定公证遗嘱有效。

2. 自书遗嘱

是指遗嘱人亲笔书写遗嘱全文并亲笔签名，注明年、月、日，无相反证据的，视为自书遗嘱。自书遗嘱中对于遗嘱人死后的个人财产的处分必须是遗嘱人真实意思的表达。自书遗嘱不需要见证人证明就能产生法律效力。

遗嘱人在书写遗嘱时，不仅要求亲笔书写和签名，同时自书遗嘱的内容必须明确、具体、可执行。如果自书遗嘱的内容模糊，出现歧义，那么这份自书遗嘱可能无效。

张先生和叶女士是二婚家庭，两人婚后并未生育子女。但叶女士与前夫生有一子，张先生与前妻生有一女。由于张先生长年经商，累垮了身体，在去年查出患了绝症。于是张先生写了一份遗嘱，遗嘱中称：我名下的一套房产系我一人所有，在我死后叶女士有居住权，但其处分由女儿小张决定。名下的一辆价值50万元的汽车留给女儿。

但张先生的现任妻子叶女士拒绝配合，认为这遗嘱是张先生女儿捏造的，并告到了法院，申请笔迹鉴定，并要求按法定继承程序实行财产继承。

最终，法院经过审理认为，笔迹确为张先生的，这份遗嘱是张先生亲笔所写。但由于遗嘱的内容不明确，没有写明房产归谁所有，而且书写很随意，亲笔签名也不够规范。最终法院认定该遗嘱无效，车子归张先生女儿所有，但房产由叶女士和张先生女儿平分。

在司法机构中，如果一方提交了自书遗嘱，而另一方予以否定时，法院则会为否定方申请笔迹司法鉴定，而笔迹应该以与自书遗嘱时间相差不大的字迹作为证明材料，以判断真实性。因此多保留立遗嘱人的字迹，尤其与自书遗嘱时间相近的字迹，更有说服力。

3. 代书遗嘱

是指遗嘱人不能书写而口述内容，委托他人代写的遗嘱。根据《继承法》第十七条第三项的规定："代书遗嘱应当有两个以上见证人在场见证，由其中一人代书，注明年、月、日，并由代书人、其他见证人和遗嘱人签名。"

同时，符合以下条件的不能当见证人：

- 无行为能力或者被限制了行为能力的人；
- 继承人或者遗产的受益者；
- 与继承人有利害关系的人，如两者是债务人关系、合作伙伴等。

张老先生和老伴儿李女士生有一儿一女。老两口有两套房子，一套是单位分配的公房，面积只有50平方米；另一套是老两口全款购买的商品房，面积为 80 平方米，登记在张老先生的名下。

李女士已于两年前过世了，过世以后张老先生一直和儿子住在一起。最近，张老先生因病住院，感觉时日无多，所以要求儿子找人帮忙代写遗嘱。张先生的儿子找了自己的朋友代写遗嘱，并让两名下属作为见证人。

张老先生在遗嘱中说明，80 平方米的房子留给儿子，50 平方米的房子留给女儿。张老先生过世后，张老先生的儿子诉至法院，要求按照代书遗嘱处理房产。

最后，法院驳回了张先生儿子的要求。因为法院经过查看代书遗嘱，发现遗嘱上的代书人是张老先生儿子的朋友，见证人是张老先生儿子所开公司的两位员工，李老先生的儿子与员工之间存在利害关系。而根据《继承法》的相关规定，代书人和见证人不得与遗产继承人有利害关系。很明显，张老先生儿子请的见证人和自己有着利益关系，因此法院认为这代书遗嘱不合规范，不具有法律效力，不能予以执行。张老先生的遗产应该按照法定继承处理。

4. 录音遗嘱

是指遗嘱人口述内容并用录音器材录制并保存的遗嘱。但录音遗嘱可以通过技术手段人为篡改、伪造、模仿或剪辑，真实性比较难控制。因此，《继承法》第十七条第四项明确规定："以录音形式设立的遗嘱，应当有两个以上的见证人在场见证。"以保证录音的真实性和安全性。同时，遗嘱人和见证人分别都要在录音开始的时候说明自己的姓名、性别、年龄、籍贯、家庭住址、工作单位及职业等，遗嘱人亲自叙述遗嘱的全部内容。

见证人见证的方法可以采取书面、录音或录像的形式。录音遗嘱制作完毕后，当成密封保存，并在封面上由遗嘱人、见证人签名盖封，注明年、月、日。然后，由遗嘱人或交见证人保管。

周先生与前妻叶女士育有一子，17 岁，上高中二年级。离婚三年后，周先生与李女士结婚，婚后育有一女。周先生有先天心脏病，一次心脏病发住院，周先生在进手术室前，深深觉得自己这些年对前妻和儿子照顾不够，当着两位医生和三位护士的面立下录音遗嘱，将自己名下的一处房产和 60 万元现金给儿子，价值 30 万元的股票给前妻，自己现在居住的房子给现任妻子。

后来周先生手术成功，脱离危险。没想到一个月后，周先生忽然病重死亡。而这时在处理遗产时出现了争议。叶女士希望能按照前夫的录音遗嘱来执行财产分配，李女士不同意，一气之下将叶女士告到了法庭。

最终法院了解到前后情况，认为录音遗嘱无效。因为这份录音遗嘱中，只有遗产的具体分配方式，但见证人在录音材料中并未留下姓名、性别、年龄、籍贯、家庭住址等见证人的相关信息。因此，这份录音遗嘱缺乏真实性，不具备法律效力。

赠与

在中国家庭，将财产赠与配偶、子女等其他家庭成员的现象较为常见。父母出于对子女的爱护与关心，会以赠与的方式给予后代财产。如当女儿出嫁时，为了保障女儿未来的生活，父母选择以财产赠与的方式作为女儿的个人财产，即便未来婚姻产生危机，女儿也有一定的生活保障。

赠与是指赠与人将自己的财产无偿给予受赠人，受赠人表示接受的一种行为。这种行为要经过法律程序来规范，并实现财产所有权的转移。赠与的好处在于，在一定额度内能够享有免赠与税，并且执行起来很方便。

赠与税是指以财产所有者生前赠与他人的财产总额减去法定扣除额以后的净值为课征对象所征收的一种税。一般要交契税、印花税、个人所得税，在海外赠与额度有限制，超过的部分要征赠与税。而赠与税所交的额度又分两种情况：一种是直系亲属间的赠与，另一种是非直系亲属间的赠与，情况不同，所缴纳的税费也不同。

在家庭财产赠与中，根据赠与对象不同，可以分为赠与直系亲属、赠与非直系亲属、赠与政府、社会福利机构或其他公益部门。

1. 赠与直系亲属

直系亲属包括配偶、子女、父母（公婆、岳父母）、祖父母（外祖父母）、孙子女（外孙子女）。直系亲属之间的赠与主要是个人或家庭将财产赠与配偶、子女、父母。直系亲属间的赠与通常需要缴纳 3% 的契税和双方各万分之五的印花税。直系亲属之间的赠与，如果不在同一户口本上，需要做亲属关系公证，如果在同一户口本上，则不需要做亲属公证。

首先，赠与配偶。夫妻中的某一方如果愿意将婚前财产赠与配偶，可以借助相关机构，双方签订一份财产赠与协议，并进行赠与公证。夫妻之间最常见的赠与是房产的赠与。

比如，丈夫将自己婚前的一套房子约定为夫妻共同共有或者按份共有，可以到房管部门办理，通过房管部门对房子做出评估，然后签订赠与协议，缴纳契税和双方各万分之五的印花税、手续费、公证费等其他费用，办理房屋更名登记。此时，该房产变为夫妻共同财产，如果发生婚变，妻子享有分割房产的权利。

还有一种现象是，夫妻在婚姻存续期间，一方将房产证上的名字变更为配偶的名字，即房产证上只有配偶的名字时，如果发生婚变，该房产就被认为是个人财产，即便这套房子是赠与方全款购买，赠与方还是无法参与财产分割。

王先生，38 岁，妻子张女士 30 岁，两人都是二婚。王先生自己有两套房产，一套价值 60 万元，在老家；一套价值 100 万元，在工作城市，两人婚后就居住在这套房子里面。王先生与前妻生有一个儿子，目前跟着王先生生活。为了能够给二婚妻子“安全感”，也为了表“衷心”，王先生将当前居住的房产赠与张女士，房产证上的名字变更为妻子张女士的名字。两人结婚两年后，夫妻间产生矛盾并不断激化，最终张女士强烈要求离婚。此时涉及房产分割，因为房产证上已经变更为张女士的名字，因此该房产不算夫妻共同财产，王先生不参与房产分割。王先生也只好打掉牙往肚子里咽了。

在房屋所有权尚未转移、赠与房屋产权变更登记之前，赠与人可以行使任意撤销权。所以，为了确保配偶真正能够得到保障，在约定有效的情况下，建议立即一起去办理房屋更名登记。这才是不能撤销也没有争议的赠与行为。

其次，赠与父母。如果是个人将其婚前财产赠与自己的父母，在法律层面上，可以不用经过配偶的同意。个人与自己的父母签署赠与协议，同样需要缴纳契税、双方各万分之五的印花税、手续费等其他费用。如果个人将其婚后财产赠与父母，由于婚后财产属于夫妻共同财产，需要征询配偶的意见，如果配偶不同意，可以先将家庭财产做好分割，个人只能赠与家庭财产中属于自己的那一部分财产。

最后，赠与子女。父母在子女的婚后赠与，优先推定为是赠与夫妻双方。如意愿是单独赠与自己的孩子，需要到公证处做单独赠与公证。

根据婚姻法的规定，婚前赠与的是个人财产。如果子女已经成立家庭，父母在子女的婚后赠与，优先推定为是赠与夫妻双方，如果父母想单独赠与自己的孩子，父母可以与子女签订一个书面赠与合同，并在合同中指明赠与对象，然后到公证处做单独赠与公证。

同时，《合同法》第一百八十六条规定：“赠与人在赠与财产的权利转移之前可以撤销赠与。”因此，法律赋予了赠与人单方面的撤销权，时限为一年。当受赠人对赠与人有抚养义务但是不履行，严重侵害赠与人或不履行赠与合同约定等行为，则赠与人可以申请撤销赠与。

李老先生，65 岁；妻子 60 岁，两人生有一子。李老先生两口有一套房产，价值 80 万元，考虑到夫妻二人年事已高，身体也一天不如一天，于是李老先生两口就将房子赠与了儿子。没想到房产证变更为儿子的名字不到两个月，儿子和儿媳态度就迅速发生了改变，对老两口也不上心了，甚至不履行赡养义务。最后李老先生没办法，去法院申请撤诉赠与。最后法院了解到确实存在这样的现象，且撤销申请在有效时限内，同意了李老先生的申请。最终，房子还是归属于李老先生。

当父母将房产赠与子女时，则该房产是登记在子女名下的。如果父母受到债务牵连而查封资产，则赠与子女的房产不会受到牵连。而且这部分财产不能作为夫妻共同财产进行分割。根据我国《民法通则》第十八条规定：监护人应当履行监护职责，保护被监护人的人身、财产及其他合法权益。父母尽管是孩子的监护人，但是不具备处置房产的权利，在其子女年满 18 周岁之前，该房屋暂由获得该小孩抚养权的一方代为管理；同时，父母在将房产赠与孩子之后，就不再享受对该房产的控制权和管理权。也就是说，如果孩子将该房产抵押出去，父母是没有权利干预的。

2. 赠与非直系亲属

非直系亲属是指配偶的亲人等一切直系亲属以外的亲戚。如果将财产赠与非直系亲属，需要办理赠与公证，缴纳评估费 6‰，公证费 2%，再到房管部门缴纳全额契税 3% ~ 4%，营业税 5.55%、个税 20%，印花税万分之五，手续费几百元，以上算下来，近 30% 房价的税费，费用较高。所以，建议家庭通过过户买卖的方式将房产赠与非直系亲属。

3. 赠与政府、社会福利机构或其他公益部门

《印花税暂行条例》规定，财产所有人将财产赠给政府、社会福利单位、学校所立的书据免纳印花税。同时，家庭如果申请办理将财产赠与或遗赠给国家、社会福利机构或其他公益部门的公证事项，免收公证费用。

根据《财政部、国家税务总局关于全面推开营业税改征增值税试点的通知》（财税〔2016〕36号）附件1《营业税改征增值税试点实施办法》第十四条规定，个人向其他单位或者个人无偿转让不动产，除用于公益事业或者以社会公众为对象的外，应视同销售不动产。也就是说，如果家庭或个人将财产无偿赠与政府、社会福利机构或其他公益部门，不必缴纳增值税，其他赠与行为等同于销售，即使没有取得任何经济利益，同样需要缴纳增值税。

保险

香港首富李嘉诚说过一句很有名的话："别人都说我很富有，拥有很多的财富。其实真正属于我个人的财富是给自己和亲人买了充足的人寿保险。"由此可知，保险的重要性不言而喻。

在家庭财产分配和传承管理中，保险资产是最安全的配置。保险就是投保人将资产交给保险公司，从法律层面来讲，一旦交付，投保人就不再拥有这笔资产的使用权，也就隔离了风险。并且保险以法律为凭证，依托专业管理机构，具有社会管理、经济补偿、资金通融的功能。

另外，父母以人身保险的形式将财产传承给子女，根据《保险法》第二十三条、三十四条规定：任何单位和个人不得非法干预保险人履行赔偿或者给付保险金的义务，也不得限制被保险人或者受益人取得保险金的权利；按照以死亡为给付保险金条件的合同所签发的保险单，未经被保险人

书面同意，不得转让或者质押。因为人身保险合同是以人的寿命和身体为保险标的，所以当所有财产都被冻结甚或拍卖时，人寿保险的保单不会被冻结和拍卖，被保险人领取保险金是受法律保护的，不计入资产抵债程序。

《婚姻法》第十九条规定，婚前财产为个人财产，归个人所有。而在婚后，无论是房子还是车子，一旦变现或者采取加名的方式，都将变成夫妻共同财产。而保险则不能，保险的受益人是财产的专属人，不受任何变化的影响，使得个人资产安全性大为提高。

从这些法律条款都能看出，保险在家庭财产分配和传承上发挥着重要的价值和作用。具体来说，保险在家庭财产分配和传承上的作用有以下五点：

1. 避免财产纠纷

家庭在实行财产分配时，往往会陷入各种纠纷中，甚至家庭成员为争夺财产不惜撕破脸皮，反目成仇。因财产分配引发的矛盾极大地伤害了家庭成员之间的感情，是大家都不愿看到的。

这时候，保险就能够很好地规避这些纠纷。因为投保人在最初就将资产交给了保险公司，指定受益人，保额也是由投保人事前确定好的。对于财产的分配和管理都有法律作为依据和凭证，公平公正。

2. 保护财产安全

在投保人的财产无法分割而继承人又多的情况下，通过保险的方式指定受益人，可保障受益人的财产安全。

例如，著名的百宏集团老板给女儿的“天价嫁妆”，价值总额高达2亿元，其中包括市值一亿元的股票、5000万元不动产和5000万元现金。但这种大笔现金的陪嫁方式会导致一个问题，这笔现金的归属如果没有做出具体说明，有可能成为夫妻二人婚后的共同财产，一旦二人的婚姻出现危机，这笔财产就会面临被分割的风险。但如果用这笔现金购买保险，自己和妻子作为投保人，指定女儿作为受益人，在婚后所得的保险金收益归属女儿个人所有，就将永远被视为女儿的个人财产。这一方式能够保证女儿个人财产的安全。

另外，投保人在签署保单时，要明确写明受益人，如果未明确指定受益人，保险公司就会认为受益人为“法定”，也就是将“法定继承人”作为受益人。通常情况下，保险受益人“指定”优于“法定”。

最高人民法院《关于保险金能否作为被保险人遗产的批复》规定：“人身保险金能否列入被保险人的遗产，取决于被保险人是否指定了受益人。指定受益人的，被保险人死亡后，其人身保险金应付给受益人；未指定受益人的，被保险人死亡后，其人身保险金应作为遗产处理，可以用来清偿债务或者赔偿。”

也就是说，如果指定了受益人，被保险人死亡后，受益人就可以从保险公司领取保险赔偿，如果被保险人生前有债务，保险金不必用来偿还债务。但是如果没有指定受益人，那么法定受益人按照遗产继承顺序继承遗产，而且人身保险身故金首先必须用于偿还债务，剩余资金才能由法定继承人继承。

3. 保证财富的长期安全

富人家庭如果一次性就将大额资产传承给子女，可能子女由于投资不当或挥霍无度等各种原因，使得巨额财富化为乌有，并不能按照被继承人的意愿管理好财产。但是保险公司通过分期付收益金给继承人，就能保证财富的长期安全。

周先生是一名房地产商，由于赶上了好时期，通过投资房产周先生一家赚得盆满钵满。家里也住上了别墅，出入都开豪车。可周先生还是隐隐地有些担忧，因为周先生的儿子目前在英国留学，每年花费几百万元，不懂得节制。

周先生担心自己儿子的挥霍无度会把现在的资产败光。于是周先生和妻子决定给儿子购买高额保险，每年缴费200万元，期限为10年，也就是说，周先生在十年期间为儿子存下2000万元，这种方式不仅不需要担心儿子把钱花完，而且，即便儿子把钱败光，通过领取保险金也能保证儿子有稳定的生活。

4. 合理避税

我国在遗产继承上会有各种税收，例如，请律师拟定遗嘱的费用、财产公证费用、继承权公证费等，一般继承费占总资产的2%左右，也就是说，如果继承父母一千万元的资产，要交20万税收。保险财产的传承指定了受益人，不征收遗产税；但如果是法定受益人，有可能要征收遗产税。

慈善基金

慈善基金是指具有一定组织性的个人、企业，无偿为弱势群体筹集资金的组织。一般分为公募形式和非公募形式。慈善基金在家族财产传承上有一个功不可没的作用，就是合理避税。

一些富豪家族不愿将家产直接传给后代，一方面，他们担心后代挥霍无度，败光财产，对后代发展不利；另一方面，遗产税会无形中吞掉一部分家族的资产，造成家族财产的损失。因此，往往会成立一个慈善信托基金，此基金是用来无偿帮助弱势群体的，由子女来掌管，然后捐款给这个基金。利用慈善资金，既从事了慈善事业，帮助了更多的人，同时也通过合理避税，在分配和继承财产时实现家族财产的保值和增值。

建立慈善基金不仅能很好地规避税收，而且慈善捐款项目是不收税的，即便投资盈利也不需要交税，因此慈善基金既能钱生钱，又能够让家族后代实现对家族财富的传承和控制。

具体说来，成立慈善基金对家庭的作用有以下三点：

1. 践行财富观和价值观，影响后代

富豪家庭的孩子出入高级场所，所接触的一切大都是社会繁华的一面，对贫穷地区和贫穷人的生活状态基本处于封闭状态。成立慈善基金，一方面，能够帮助更多困难的人，实现自己的社会价值；另一方面，通过帮助弱势群体来培养后代的责任心和同情心，也能使之慎重对待自己的生活，形成正确的财富观和健康的价值观。

2. 促进家族内部团结与稳定

家族慈善基金的成立，需要家族成员的齐心协力，因此能够促进家族成员之间的默契和团结。例如，号称中国版的“洛克菲勒家族”的蒙牛集团创始人牛根生家族，早在 2004 年就成立了中国第一个非公募的家族基金会，通过慈善基金来践行慈善事业。而在牛根生的影响下，牛氏家族在 2015 年又成立了北京老牛兄妹公益基金会，其中牛根生的儿子致力于环境保护，牛根生的女儿致力于儿童救助与关怀。一方面，对慈善事业的共同信仰加强了兄妹间的情感纽带关系，增强了彼此的沟通与交流；另一方面，通过各自慈善事业的发展，拓展了人际圈和交际圈，进一步发展了家族事业。

3. 实现财富和精神的传承

慈善基金还有一个很重要的功能就是传承。家族通过慈善基金会，将家族的财富传承下去，资助社会中有困难的人、推动教育、医疗等各种惠及众人事业的发展，既提升了家族及家族事业在社会上的影响力和美誉度，反过来又能推动家族产业的发展。无论是财富还是家族精神，都能经久不衰。

中国著名的慈善基金会之一——河仁慈善基金会，发起人是中国著名的企业家福耀集团的董事长曹德旺先生，“河仁”一词是根据曹德旺父亲的名字而取的，寓意为“上善若水、厚德载物”。2009 年，曹氏家族在福耀集团持 3 亿股权，市值 35.49 亿元，成立了曹氏家族慈善基金会。2009 年 2 月，曹德旺宣布将捐出曹氏家族持有的福耀玻璃股份的 70% 作为慈善基金。

曹氏家族成立的河仁慈善基金会，一方面秉持了家族做慈善事业的传统，因为在慈善基金成立之前，曹氏家族在慈善事业上的贡献已达几十亿元；二是通过股票捐赠，曹氏家族在福耀集团就不享受股票的所有权，股票所有权归河仁慈善基金会所有，股东权利义务由基金会行使，慈善基金会也不需要承担经济回报的责任。

另外，企业股权交给基金会之后，企业股权就与家庭相对脱离，家族成员不仅没有所有权，也没有收益权，规避了因家庭财产而导致纠纷的风险。家族慈善基金会成立后，福耀家族的企业形象得到很大的提升，公司的股价和企业效益也是节节攀高。同时，曹德旺儿子入职后，担任公司的董事和总经理，实现了家族企业的传承。所以慈善基金会是一种利他利己的经济行为。

其实，慈善基金会的好处不仅在于支持慈善事业，实现家族企业的传承与发展，还在于通过投资活动实现资产的保值与增值。例如，慈善基金会投资股票、证券、艺术品等，从而获得收益。这些钱用来维持慈善基金会的运转和发展。

例如，比尔·盖茨成立的比尔和梅琳达基金会，比尔·盖茨就是通过多样化的投资方式，如购买股票、政府债券等来获得收益，用收益来支持慈善事业，慈善事业反过来促进企业的发展，长此以往，形成良性循环。比尔·盖茨在遗嘱中声明将自己遗产的 98% 捐给自己创办的基金会，而他的三个孩子每人能够获得 1000 万美元和价值 1 亿美元的住宅。比尔·盖茨通过这种慈善捐赠，一方面教导其儿女金钱的真正价值和作用，培养孩子的独立进取能力；另一方面财产捐赠给慈善基金会能避开高额的遗产税，因为基金会每年只需要捐出自己资产的5%左右就能享受税收减免。

家族信托

一般情况下，家庭财产的分配与传承采用遗嘱等方式予以分配就足够了。但高净值家庭资产数额较为庞大，资产类型多样，如果只是按照遗嘱方式进行分配，会产生很多问题，如公司会发生动荡，甚至陷入混乱；同时，富人家庭担心孩子养成“坐吃山空”、挥霍等毛病，不利于后代的健康发展。针对这种情况，家族信托能帮助高净值家庭解决这些问题。

家族信托是一种信托机构受个人或家族的委托，代为管理、处置家庭财产的财产管理方式，以实现富人的财富规划及传承目标。这种方式将资产的所有权与收益权分离开来，家族能够实现破产风险隔离机制等合理规避风险功能。富人一旦把资产委托给信托公司打理，该资产的所有权就不再归他本人，但相应的收益依然根据他的意愿收取和分配。富人如果离婚分家产、意外死亡或被人追债，这笔钱都将独立存在，不受影响。

家族信托的几个重要因素：

➢ 委托人：即信托的发起人，也是财产的最初实际拥有者。

➢ 受托人：即委托人财产名义上的保管人，与委托人签订协议，并严格执行委托人的意愿。

➢ 受益人：通常是委托人的亲属，享有委托人向受托人所委托的资产。

一般来说，家族信托这种家庭财产的分配与传承管理方式具有以下几个优点：

1. 按照委托人意愿分配资产

家族信托能够根据委托人的意愿自由地分配资产，包括信托期限、获得财产的附加条件等，尤其是当委托人对于受益人继承他资产而产生一系列顾虑时。例如，张先生有亿万资产想传承给儿子，但又担心儿子因巨额财产而不思进取，因此在信托中规定：“子女在获得大学学位并年满二十四周岁之后，才能获得每年五十万元的信托遗产。”

2. 避免家庭财产纠纷

富豪家庭资产雄厚，妻子、子女等亲属会为争夺更多的财产而对簿公堂，家庭信托能有效化解这种财富传承过程中的风险。在信托文件中，对于家庭成员财产的分配以及获得财产的附加条件等都有明确的规定。而分配财产的人是信托受益人而不是委托人，相当于将“烫手的山芋”放到了受托人手中，避免家庭财产纠纷；另外，家族信托也能避免富人家庭在发生婚变时大额财产的分割，使得婚前资产和个人资产得到保护，规避特殊目的婚姻带来的危机和风险。

3. 保护家庭资产

家族信托产品有一个很大的优势在于家族信托的所有权和收益权是分离的，也就是说，不会因为委托人产生变故而影响到信托财产，这在很大程度上降低了家庭资产的风险。如果家族企业没有办理家族信托，当企业发生危机或者欠下的债务无力偿还时，家庭的资产有可能会被抵押或者拿来还债。但如果办理了家庭信托，就能避免这种现象。

传媒大亨默多克资产亿万，其持有新闻集团的 40% 的股票权。为了保护好家族资产，默多克通过家族信托的方式，将其新闻集团近 40% 的股票权中超过 38.4% 的股票由默多克家族信托持有，受益人则为默多克的六个子女。其中，默多克与前两任妻子所生的四个子女为信托的监管人，享受新闻集团的股票权利。而默多克与第三任妻子邓文迪所生的两个女儿只享受收益权而没有股票权。通过家族信托的方式将资产牢牢控制在默多克家族中，即便发生婚变，也不会影响到公司的经营与运作。

4. 节税避税

家庭信托能够很好地避免遗产税，因为信托财产名义是归属受托人的，委托人名下没有登记财产，自然也就无法征收遗产税了。例如，李嘉诚设立了多个家族信托基金，将家庭资产全面保护起来，家族信托的存在使得李嘉诚即便赚再多，也可享受合理避税的权利和自由。

5. 信息严格保密

家族信托一旦成立，就由受托人完全代理，受托人无权向外界披露信托财产的情况。另外，委托人通常将信托财产放置在一个特定的地方，而这些地方通常具有严密的法律体系和客户信息保密原则，能够让信托产品财产安全得到最大化的保障。

所以，家族信托对高净值家庭来说是重要的财产分配和传承工具，对家族有着重要的意义。在中国富豪级的家庭，越来越多的人选择采取家庭信托的方式来保证财产的分配和传承、保证财产的安全、避税增值等。其中代表性的案例是龙湖地产的吴亚军和蔡奎事件。

龙湖地产主席吴亚军与丈夫蔡奎解除了婚姻关系，但两人并没有为争夺庞大的财产而打得不可开交。更有意思的是，龙湖地产的股价虽然在最初有所下跌，但到了第三天就有所回弹，慢慢地处于稳定状态。原因就在于吴亚军和蔡奎通过家族信托的方式，使得公司避免受到影响，能够平稳运行，从而有效地避免了婚变可能会给公司带来的经营和运作风险。

龙湖地产在上市前就设立了两个家族信托，分别是吴氏家族信托和蔡氏家族信托，将两人在龙湖地产拥有的股权都放到了这两个家族信托中，其中吴氏家族信托占有46.9%的龙湖地产股权，受益人为若干吴氏家族成员和一个名为Fitall的信托，蔡氏家族信托占有龙湖地产股权28.79%，其受益对象是若干蔡氏家族成员和一个名为Fitall的信托，而这个Fitall的信托的受益人，即龙湖地产的管理层和员工，目的在于激励员工工作。

从吴亚军和蔡奎的离婚事件来看，家庭信托发挥了重大的作用。一方面，这两个家族信托起到了财产隔离保护的作用，能控制住龙湖地产的股权，即便发生了婚变，这两部分财产都是独立存在的，不涉及财产分割，保证了家族的利益，避免了财产受损和财产纠纷；另一方面，从长远角度看，通过税务规划放大了家族的最终利益，有效解决了各种潜在的危机和风险。